DEEP HOLE MACHINING AND DETECTION

深孔加工与检测技术

于大国　沈兴全　赵晓巍　杜慧福　等　著

北京理工大学出版社
BEIJING INSTITUTE OF TECHNOLOGY PRESS

内 容 简 介

深孔的作用不亚于外表面，但深孔的加工与检测难度大。本书内容主要包括深孔加工与检测的基础知识、国内外深孔加工技术简介和近年的研究成果。本书共 10 章，第 1 章深孔加工与检测基础；第 2 章国内深孔加工技术；第 3 章国际深孔加工技术；第 4 章刀具系统液力自纠偏设计；第 5 章刀具外力纠偏与深孔校直方案设计；第 6 章深孔检测方法与装置设计；第 7 章深孔加工装备设计；第 8 章小直径深孔加工方案设计；第 9 章深孔直线度误差评定；第 10 章深孔机床控制系统。

本书可作为机械类专业深孔加工方向研究生教材，也可作为本科生选修课教程或学生技术创新指导书，还可供深孔加工行业技术人员参考。

图书在版编目（CIP）数据

深孔加工与检测技术 / 于大国等著. -- 北京：北京理工大学出版社，2025.1.
ISBN 978 - 7 - 5763 - 4178 - 2

Ⅰ. TG52

中国国家版本馆 CIP 数据核字第 2024W6D258 号

责任编辑：李颖颖　　　文案编辑：国　珊
责任校对：周瑞红　　　责任印制：李志强

出版发行 / 北京理工大学出版社有限责任公司
社　　址 / 北京市丰台区四合庄路 6 号
邮　　编 / 100070
电　　话 / （010）68944439（学术售后服务热线）
网　　址 / http://www.bitpress.com.cn

版 印 次 / 2025 年 1 月第 1 版第 1 次印刷
印　　刷 / 廊坊市印艺阁数字科技有限公司
开　　本 / 787 mm×1092 mm　1/16
印　　张 / 13.25
彩　　插 / 2
字　　数 / 343 千字
定　　价 / 69.00 元

深孔类零件在多个行业有着广泛的应用。工程机械中的液压缸、多种设备中的气缸、石油机械中的钻铤、数控车床主轴等都是深孔零件。

深孔质量对装备的精度和性能影响很大。例如，液压缸内孔质量将影响缸内油液所能达到的工作压力，影响液压缸工作过程的振动特性和液压缸的使用寿命。与外表面相比，孔的加工与检测难度大。与浅孔相比，深孔的加工与检测难度更大。为了克服深孔加工过程中的困难，提高深孔加工质量，国内外工程技术人员和专家学者对深孔加工与检测进行了多方面的研究。

本书内容包括行业技术和作者探索两方面内容，共 10 章。第 1 章为深孔加工与检测基础；第 2 章为国内深孔加工技术，主要介绍国内深孔加工行业知名企业的机床与刀具；第 3 章为国际深孔加工技术，主要介绍瑞典、德国、美国以及英国深孔加工企业的产品与技术；第 4 章为刀具系统液力自纠偏设计，提供深孔加工过程中，避免刀具偏斜的技术方案；第 5 章为刀具外力纠偏与深孔校直方案设计，提供作者在抑制刀具偏斜方面所做的探索；第 6 章为深孔检测方法与装置设计，有比较丰富的技术方案；第 7 章为深孔加工装备设计，包括在深孔机床和刀具方面的创新内容；第 8 章为小直径深孔加工方案设计，阐述小直径深孔的特种加工方案和精加工方法；第 9 章为深孔直线度误差评定，提供了深孔直线度最小二乘法评定模型及其他模型；第 10 章为深孔机床控制系统，主要包括 CNC 系统、伺服系统、PLC 系统。

中北大学沈兴全完成第 1 章，杜慧福完成第 2 章，赵杰完成第 3 章，陈路生完成第 6 章，赵晓巍完成第 9 章，武涛完成第 10 章。其余各章由于大国完成。

本书在撰写的过程中，作者申请了南通理工学院和中北大学出版资助。得到了山东普利森集团、德州市巨泰机床制造有限公司、德州三嘉机器制造有限公司的大力支持，还有多家单位提供了不少有参考价值的技术资料。本书参考了于大国所指导的研究生的学位论文和其他成果。协助本书撰写的人员有：博士研究生王宇、陈彤、刘耀；硕士研究生邓文斌、朱泽鹏、梁永辉、宋思宇、郭林陇、李永杰、李孝阳；教师高文君、刘东曜；德州市巨泰机床制造有限公司副总经理张维忠；等等。向以上单位和个人致以衷心的感谢！

　　本书较多内容来源于作者的国内外专利技术，恳请各位读者尊重原创，保护知识产权。

　　本书缺点在所难免，恳请读者批评指正！书中部分创新性技术方案，还没有条件进行充分的实际验证，欢迎从事深孔加工与检测的同行进一步研究，并与作者交流，共同促进技术进步。

于大国

目　录
CONTENTS

第1章

深孔加工与检测基础

本章主要对深孔加工与检测领域的相关技术基础进行介绍，便于读者对本书后续章节内容的理解。

1.1 深孔加工技术基础

1.1.1 深孔加工简介

深孔：一般我们将孔深和孔径之比大于 5 的孔定义为深孔，孔深和孔径之比小于或等于 5 的孔定义为浅孔或普通孔。

深孔零件：具有深孔结构要素的机械零件称为深孔零件。最常见的深孔零件是回转体零件，如火车车轴、液压缸等。非回转体零件也较为常见，如发动机喷油嘴等。除常见深孔零件外，少数情况下还要求在回转体零件、非回转体零件上加工周边深孔、平行坐标深孔、相交深孔、重叠深孔、异形深孔等。在深孔零件的全部成本中，深孔加工往往占有较大的比重。

深孔刀具：指用于深孔加工的工具，包括深孔钻头、深孔扩钻、深孔套料钻、深孔铰刀、深孔镗头、深孔拉刀等。深孔刀具有进、出切削液的通道和导向部分。除切削用刀具外，以高硬或超硬颗粒磨料为加工主体的定直径或直径可以微调的磨料工具，也可称为深孔刀具，如深孔珩磨头、深孔磨头、电镀金刚石或立方氮化硼的珩具等。

深孔加工技术：包括深孔加工的工具、设备（硬件）和加工原理、操作规程、操作技巧、软件等内容。一般情况下，深孔加工技术主要指用切削加工方法加工深孔的技术。随着科学技术的发展，20 世纪涌现出一批可用于深孔加工的特种加工技术，如电火花加工、激光加工、超声波加工等。这些特种加工技术的引入扩大了深孔加工技术的领域。

现代制造技术的基本要求：功效高并可以重复性地进行机械化大批量生产；加工质量较好，批量加工时产品质量具有较高的一致性；废品率低，从而节约原材料、降低消耗；综合加工成本较低。

现代深孔加工技术的基本标志：能连续、自动排屑及冷却润滑；刀具、工具具备较好的自动导向功能。

1.1.2 深孔加工的分类

深孔加工包括一般深孔加工（如钻、镗、铰等）、精密深孔加工（如珩磨、滚压等）和电深孔加工（如电火花、电解等）等。其中一般深孔加工应用最为广泛，其可按加工方式、运动形式、排屑形式以及加工系统进行分类，以下主要介绍这几种深孔加工的分类方法。

按加工方式，深孔加工可分为以下五类。

（1）实体钻削。实体钻削是指从实体材料上用钻孔工具将多余的材料以切削方法加以去除的钻孔方法。实体钻削虽属于孔的初加工过程，但被公认为深孔加工中难度最大、成本最高的工序。其中涉及切削、冷却、排屑等关键环节。

（2）套料加工。套料加工是指用取出整体芯棒的方法在实体材料上形成圆柱孔的加工方法。其包括切削方法和特种加工方法。

（3）扩孔钻。扩孔钻是将坯件上已铸、锻、轧好的孔按要求扩大直径的钻孔方法。一般将扩孔视为初加工，扩孔与铰孔、精镗孔有所区别。

（4）镗孔。镗孔是对锻出、铸出或钻出深孔的进一步加工，属于孔的精加工过程。镗孔可扩大深孔孔径，提高精度，降低表面粗糙度，还可以较好地纠正原来孔轴线的偏斜。深孔镗削可分为推镗法和拉镗法。

（5）铰孔。铰孔是利用铰刀从已加工的孔壁切除薄层金属，以获得精确的孔径和几何形状以及较低的表面粗糙度的切削加工。铰削一般在钻孔、扩孔或镗孔以后进行，用于加工精密的圆柱孔或锥孔。

按运动形式，深孔加工可分为以下四类。

（1）工件绕孔轴线旋转，刀具沿孔轴线方向做进给运动。

（2）工件夹持固定不动，刀具既绕孔轴线旋转又沿孔轴线方向做进给运动。

（3）工件绕孔轴线旋转，刀具既做相反方向旋转又做进给运动。

（4）工件绕孔轴线旋转并沿孔轴线方向做进给运动，刀具固定不动。此形式的加工方法使用较少。

按排屑形式，深孔加工可分为以下四类。

（1）前排屑。切屑的排出方向与刀具进给方向一致。前排屑方式仅出现在对已有通孔的加工。

（2）后排屑。切屑的排出方向与刀具进给方向相反。实体深孔钻和套料钻都采取后排屑方式。

（3）内排屑。对实体深孔钻头而言，切削液经钻头外部的间隙流向切削刃部，带着切屑经钻头和钻杆的内腔排出孔外。采取这种排屑方式的深孔钻，称为内排屑深孔钻。

（4）外排屑。对实体深孔钻头而言，切削液由钻头内部空腔流至切削刃部，并带着切屑经钻头外部与已加工孔壁之间的空隙排出孔外。采取这种排屑方式的深孔钻，称为外排屑深孔钻。

按加工系统（排屑、冷却），深孔加工可分为以下几种。

（1）枪钻系统。枪钻是最早用于实际生产的一种单边刃切削外排屑深孔钻头。其因产生于枪管和小口径炮管制造，故名枪钻。最早的枪钻由钻头、钻杆和钻柄三段焊为一体，钻头切削刃由偏离轴线一侧的钻尖区分出内、外两个切削刃。沿钻头和钻杆的全长上有一个前后贯通的V形排屑槽。钻杆由薄壁无缝钢管轧出V形槽而成。钻头与V形槽的对侧有通孔，与钻杆的空腔相连，构成切削液供入通道。枪钻曾演变出一些不同的异形结构和双边刃外排屑钻头。但各种双边刃外排屑钻头并不具备枪钻的自导向功能，从严格意义上说不应该称为枪钻，但可列入外排屑深孔钻门类。枪钻系统常用于加工直径 16 mm 以下的深孔。

（2）BTA 系统。跨国研究机构"钻镗孔与套料加工协会"（Boring and Trepanning Association，BTA）推出三种规范化深孔钻头：BTA 实体钻、BTA 扩钻、BTA 套料钻。BTA 系统适用于较大直径深孔的加工。

（3）喷吸钻系统。喷吸排屑的原理是将压力切削液从刀体外压入切削区，并用喷吸法进行内排屑。切削液从进液口流入，其中 2/3 经内管与外管之间空隙向前流入切削区，会同切屑进入内管中向后排出，另外 1/3 从内管圆周上向后倾斜的多个喷射槽（月牙槽）喷入内管，切削液喷出时产生的喷射效应能使内管里形成负压区，加快切屑向后排出，增强了排屑效果。

（4）DF 系统（Double Feeder System）。DF 深孔钻亦称单管喷吸钻或双进油器深孔钻，它结合 BTA 系统与喷吸钻系统推吸排屑方式的优点，是一种被广泛应用的深孔钻。

1.1.3　深孔加工基本原理

1. 深孔加工刀具结构

用实体钻头钻孔时，总是希望钻头自始至终沿其自身轴线的方向进给，以获得形状与位置精度理想的孔。理论上两切削刃完全对称的双刃钻，在用于加工深孔时，由于其切削阻力大等实际因素的影响，并不能实现上述要求。通常所用的麻花钻适合加工浅孔而不适合加工深孔。如果以浅孔刀具加工深孔，钻头容易走偏，加工质量差。

深孔加工常采用的刀具切削刀具有非对称结构，导向条与已加工的深孔表面始终保持接触，并在加工过程中沿深孔内壁移动。图 1-1 所示是一种深孔刀具，为单边刃钻头，具有非对称结构。导向条 2、3 不起切削作用，而是与深孔已加工表面接触，起导向作用。为了提高耐磨性，两个导向条材料常采用硬质合金。两个导向条承受径向力，在力的作用下，在深孔加工的过程中始终与已加工深孔孔壁接触，沿着孔壁向待加工部分移动。因此由已加工的孔壁决定钻头的进给方向，从而实现钻头的自我导向。这种功能，称为自导向功能。具有自导向功能的刀具，称为自导向刀具。单边刃钻头以已加工深孔孔壁为基准，实现稳定的自导向，能够加工出直的深孔。两个导向条在深孔加工过程中对孔壁起碾压的作用，可大幅度降低深孔表面的粗糙度。

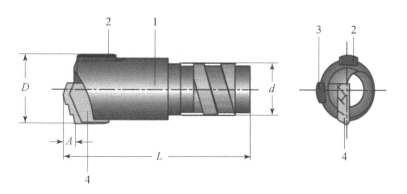

图 1-1　单边刃深孔钻头的结构

1—刀体；2—导向条；3—导向条；4—切削刃

单边刃结构成为现代深孔钻的共有特点。单边刃内排屑深孔钻可演变为多刀齿在钻头轴线两侧不对称分布的错齿深孔钻，但错齿深孔钻及其他深孔刀具的自导向原理与单边刃钻头相同。

2. 排屑、冷却、润滑

在深孔加工过程中，具有一定压力的切削液，从钻杆尾部内孔流入，流过钻头内部、钻头外部、钻杆与已加工深孔孔壁的间隙后排出，实现排屑、冷却、润滑。

1.1.4 深孔加工关键技术

深孔加工是机械加工领域的重要分支，由于深孔加工是在封闭或半封闭条件下进行的，与一般零件加工相比，它具有以下特点。

(1) 在加工过程中，刀具的切削情况难以观察。目前的加工过程中，主要由人工凭经验，通过听声音、看切屑、观察机床压力表、触摸振动零部件等外观现象来判断切削过程是否正常。

(2) 在加工过程中，刀具与零件始终保持摩擦、挤压、切削，并产生大量的切削热，切削热难以传散。一般切削过程中80%的切削热被切屑带走，而深孔钻削只有40%的切削热被带走，刀具吸收了大部分的切削热，加之容屑空间小，切削热不易传散，刃口的切削温度可达600 ℃，必须采用有效的强制冷却方式。

(3) 切屑不易排出。由于孔深，切屑经过的路线长，容易发生堵塞，因此，切屑的长短和形状要加以控制，并进行强制性排屑。

(4) 工艺系统刚性差。孔的长径比较大，钻杆细而长，刚性差，易产生振动，钻孔易走偏，因而钻杆的支撑与导向极为重要。

深孔加工中需要解决的关键性技术问题有以下几个方面。

(1) 对钻头进行合理的导向。由于深孔的长径比大，钻杆细而长，刚性较低，易产生振动，并使钻孔偏歪而影响加工精度和生产效率，因此深孔加工的导向问题需要进一步地解决。

(2) 切屑的排屑与切削部位的冷却。深孔加工中切屑不易排出，切削热不易散发，常常利用高压切削液强制排屑，同时进行强制冷却与润滑。

(3) 切屑的处理。其包括分屑、卷屑和断屑三个方面。深孔加工的排屑是十分重要的问题，尤其是小直径深孔，排屑空间很小，排屑条件更为恶劣。需要注意的是，不能片面追求断屑，某些难切削材料的深孔加工，不断屑是正常切削的前提。

以上三个方面构成了深孔加工技术的核心，所用的刀具、装置和设备则构成了深孔加工系统。

1.1.5 深孔加工技术发展

为优质、高效、低成本地在零件上加工深孔，机械制造行业不断进行技术创新，取得了多项成果，以下简要介绍不同阶段的重要创新成果。

(1) 扁钻：两个切削刃对称分布于钻头轴线两侧的双刃钻，是最早出现的有代表性的一种钻头。它产生于18世纪初，用于加工金属实体的浅孔或深孔。

(2) 麻花钻：由于扁钻切削刃不锋利，存在横刃，工效极低，且钻头易走偏，美国人于 1860 年对扁钻进行了改进，发明了麻花钻，提高了孔加工效率，在钻孔领域迈出了重要的一步。

（3）炮钻：由于麻花钻加工深孔时钻头易走偏及弯曲，18 世纪末出现了炮钻。炮钻具有单切削刃，因其非对称结构，故有良好的自导向功能，在加工深孔时刀具走偏量大为减小，能钻出直线度很高的深孔，是现代深孔钻的早期模式。这种单边刃钻头因最先用于加工炮膛而称为炮钻。

（4）枪钻：炮钻由于不具备自动连续排屑、自动冷却和润滑的功能，无法用于现代化生产，难以满足枪炮迅速发展的需求。20 世纪初，德国、英国、美国等国家的军事工业部门先后研制出了"枪钻"。枪钻为单切削刃刀具，具有自导向功能，在加工深孔时不仅走偏量小，而且可以自动排屑、自动冷却和润滑，成为一类非常重要的现代深孔刀具。

（5）BTA 刀具：枪钻由于钻杆为非对称形，扭转强度差，只能传递有限扭矩，仅适用于小孔的加工，效率较低。第二次世界大战期间，枪钻已不能满足高生产效率的要求。1943 年，德国研制出内排屑深孔钻削系统。第二次世界大战后，BTA 通过努力，使这种特殊的加工方法又有了新的发展，并将其命名为 BTA 系统刀具，在世界各国普遍应用。后来瑞典的山特维克（Sandvik）公司首先设计出可转位深孔钻及分屑多刃错齿深孔钻，使 BTA 刀具又有了新的飞跃。

（6）喷吸钻法：由于 BTA 刀具存在切削液压力较高、密封困难等缺点，1963 年，山特维克公司发明了喷吸钻法。20 世纪 70 年代中期，日本冶金股份有限公司研制出 DF（Double Feeder）法，采用单管双进油装置。它是把 BTA 法与喷吸钻法两者的优点结合的一种加工方法，目前广泛应用于中、小直径内排屑深孔钻削。

（7）精密深孔加工和电深孔加工技术：为解决精密深孔和特殊深孔的加工问题，出现了深孔珩磨、深孔滚压等加工工艺和深孔电火花、电解加工等新方法。例如，朱派龙等研究了深孔电火花钻削，M. Brajdic 进行了激光深孔加工，U. Heisel、Pay Jun Liew 探索了超声振动深孔加工，杨立合、Anjali V. Kulkarni 等尝试了电化学深孔钻削。

深孔加工技术至今仍处于发展阶段，深孔加工领域还存在许多技术问题需要解决。

（1）深孔机床、刀具及其他装备的技术水平有待提高。我国深孔机床的加工效率还低于国际上先进的深孔机床，国产深孔刀具的使用寿命短于国际先进深孔刀具，由此造成不少进口深孔机床与刀具的价格是国产同类产品的 5～10 倍。

（2）深孔加工机床、刀具、夹具本身也存在技术上的不足。以枪钻为例，枪钻存在着钻头与钻杆不可拆卸的问题，当切削刃发生严重损伤或切削刃寿命终结时，其钻杆也不能继续使用，这就提高了刀具使用费用。又如，错齿 BTA 钻结构工艺性较差，必须由专业化程度很高的工具制造厂家生产；其最小钻孔直径为 $\Phi16$ mm 左右，而实际上很少应用于 $\Phi20$ mm 以下的钻孔，这是它最大的功能性缺陷。

（3）深孔刀具位置纠偏难题有待攻克。由于深孔加工具有半封闭性，在深孔加工过程中难以检测深孔刀具所在的实际位置，无法判断深孔刀具是否沿着正确的轨迹运动。即使发现深孔刀具偏斜，也难以采取有效措施纠正刀具偏斜。Akio Katsuki、Hiromichi Onikura、Takao Sajima 等提出了大直径深孔镗削的一种纠偏方案，但该方案不适合应用于中、小直径深孔的加工，相关论文所介绍的技术资料也十分有限。其他国家对深孔钻削孔轴线偏斜的问题已充分重视，在深孔刀具方面比较有权威的 Sandvik Coromant 公司、德国的 Guhring 公司等也都投入大量的人力和财力进行研究，以求解决上述问题，但由于其难度大，均未取得令人十分满意的结果。目前，加工过程中发现深孔偏斜后，常常将工件放置于校正设备上施加外力纠正深孔偏斜，校正后在深孔机床上重新加工深孔。这种方法不仅工效低，也难以保证深孔的加工质量。深孔刀具实时纠偏是一个世界性技术难题。

（4）深孔加工工艺有待完善。随着社会经济和技术的发展，新产品不断出现，深孔零件的材料和结构也多种多样，对深孔加工工艺不断提出新的要求。

制造是永恒的，发展也是永恒的。为适应种类日益增多、精度不断提高的深孔产品要求，需要通过技术创新促进深孔加工的发展。以下列出未来一部分技术发展方向。

①深孔加工方法及机理。研究的主要方向有振动钻削技术、加热辅助切削、低温切削、磁化切削、电解加工、电火花加工、超声波加工、高能束加工。

②深孔加工刀具。可研究的深孔刀具包括焊接式深孔刀具、机械夹固式深孔刀具、深孔麻花钻、深孔精加工刀具。

③深孔加工机床。可研究的深孔机床包括数控深孔机床、深孔加工中心、深孔组合机床。

④深孔加工工艺。可研究的深孔工艺包括特种精密深孔加工工艺、极限尺寸深孔加工工艺、难加工材料的深孔加工工艺、异形零件的深孔加工工艺和深孔加工夹具技术。

（5）深孔加工孔轴线偏斜控制技术。分析深孔轴线偏斜的影响因素：加工方式、导向套偏心、工件端面倾斜、钻杆的刚度及钻杆支撑的位置、刀具的几何参数等。研究预防深孔轴线偏斜的措施：最佳切削方式的选择、刀具几何参数的合理选择、被加工工件质量的提高、导向精度的提高、钻杆刚度的提高、减振方式的合理选择。提出控制深孔轴线偏斜的方案：钻削工艺的调整、刀具几何参数的调整、工件轴线的矫正。

1.2　深孔检测技术基础

1.2.1　深孔加工监测

深孔加工过程中，由于孔内存在高压切削液，所以其加工过程是在封闭或半封闭条件下进行的。并且深孔加工所使用的深孔刀具刀杆长，刚性较差；加工总进给量长，设备转速快，加工过程中存在异常振动，刀杆弯曲，排屑不畅等诸多不利因素，容易出现质量问题。为保证深孔加工过程稳定，提高产品合格率，对深孔加工过程进行在线监测成为深孔加工的重要课题。

深孔加工过程的在线监测主要有三种方法：外观监测法、力与振动监测法及功率监测法。

（1）外观监测法。外观监测法是依靠有经验的工程人员对加工过程进行观察。例如，观察机床主电机电流表和液压系统压力表的变化；观察、比较切屑形状的变化；观察钻杆和机床的振动情况；等等。外观监测法主要通过操作者的经验判断加工状态是否正常，对操作人员过度依赖，且具有一定的局限性和不确定性。

（2）力与振动监测法。力与振动监测法是利用传感器，实时测量切削力、切削系统振动频率和振幅等重要参数，通过软件预设关键参数阈值对加工过程中的状态进行判定，进而判断刀具的磨损或破损状况。力与振动监测法可根据不同的孔径、孔深、加工转速、工件材料等条件设置不同的参数阈值，实用性较广且判断准确。

（3）功率监测法。功率监测法通过对机械加工过程中相关功率参数的测定和分析，来实现对加工状态、刀具状况等进行监测。

1.2.2　深孔零件检测

深孔加工过程中存在诸多不利因素，必然会使深孔零件实际参数与理想参数存在一定的偏差，而深孔检测是获取深孔零件的质量参数的唯一途径。深孔检测分为离线检测与在线检测。离线检测是对已加工完毕的深孔进行检测，以判断其是否合格；在线检测则是对正在加工中的深孔所进行的检测。

深孔零件的质量参数主要包括孔径尺寸、直线度误差、圆度误差、轴线偏斜及表面粗糙度等。

不同的参数对应有不同的检测方法，具体介绍如下。

（1）深孔孔径尺寸检测，最常用的量具是内径百分表（或千分表），最小测量孔径可至 $\Phi6$ mm，最大测量孔径至 $\Phi1\ 000$ mm 以上，最长测量杆长度可达 5 000 mm，可以满足绝大多数孔径的测量要求。

还可采用以下工具测量。

①通用量具：游标卡尺、内径千分尺等，在工具的可测量范围内可测量任意孔径。

②专用量规：一种针对固定内径零件的专用测量工具，广泛应用于某零件的大批量检测中。

③气动量仪：属于无接触测量，测量时将被测孔径尺寸的变化转化为气体流动压力的变化或者流量的变化，测量精度高，但对环境要求较高，一般在专用计量室内使用。

④电感测量仪：电感深孔测量仪可测量深孔直径，测量时先用标准环规调整仪器的"零位"，然后测量出孔径与标准环规的差值。

（2）深孔直线度误差的检测。

①直线度量规检测：在生产中常用的一种专用直线度测量工具，属于定性判断方法。通常使用穿棒法进行直线度的检测，检棒的长度通常取直径的 3 倍，特殊的场合采用与工件孔深度等长的检棒进行检测。检棒要经过表面淬火或整体淬火后磨削，保证足够的刚度（实验证明刚度差的细长检棒可通过圆度很好、弯曲方向一致的、轴线曲率很小的深孔）。它仅能判别直线度是否合格，但无法测出具体数值。

②超声波测量法：超声波在同一介质中传播时，声速为一常数，遇到不同介质的界面时，就具有反射特性。因此，可以利用超声波的这一特性，对已加工的壁厚进行测量，从而间接估算出孔轴线的直线度误差。利用超声波测厚仪进行孔轴线的偏差测量，是一种操作简单、实用性强的测量方法，但其测量精度有限，主要与测厚仪显示值的分辨率有关，同时还要求零件有较高的外圆表面质量，以保证测量精度。

③激光测量法：优点是测量精度高，重复误差小，检验效率高，维护费用低，使用寿命长；缺点是测量成本高、动态测量困难。

还可用臂杆法、校正望远镜测量法检测深孔直线度。

（3）深孔圆度误差的检测。一般情况下，可用内径百分表测量不同圆周相位的内径尺寸来估判孔径的圆度。该测量至少可判断出孔径圆度尺寸超差，若不超差，为避免内孔存在花瓣孔或多棱孔现象（此时用普通相对两点内径表无法测出），再采用下列三种方法进行复检。

①使用三爪（三点）内径表进行复检，可以准确测出内孔的圆度偏差。三爪（三点）内径表的测量深度不如两点内径表。

②将工件安装在机床上，通过床头箱或床头箱＋中心架方式夹持工件，检测内孔的跳动数值来判断圆度。

③采用磨削的检棒（长度取直径的 1～1.5 倍，外圆参照内径表测量的实际数据按减公差磨削）做通过试验。

（4）加工孔轴线偏斜的检测。对于通孔，在外圆两端具备同轴基准的条件下，通过测量出口端的壁厚差即可确定加工孔轴线的出口偏斜，通常用"极限壁厚差值之半"来衡量。对于盲孔或正在钻削过程中的孔，通过壁厚仪测量壁厚差来确定加工孔轴线的偏斜程度。通过数据确定加工孔偏斜的方向和数值，可指导以下的内容：在保证工件壁厚差一致的情况下，最终车削外圆时，进行相应的方向性借量；在 BTA 钻削过程中，确定了偏斜的方向和数值，可进行相应的定向纠偏，保证钻削出口在可控的偏差范围内。

（5）深孔表面粗糙度的检测。可采用粗糙度仪、比较法、针瞄法、光切法、干涉法、印模法检测深孔表面粗糙度。

（6）深孔加工的自动检测。深孔加工的自动检测是利用气动量仪、电动量仪、光栅、磁栅、感应同步器、激光及传感器等对机床、刀具及工件进行多项指标的检测。例如，深孔加工过程中，为了检测深孔轴线偏移，可采用感应式应变片测量法：在刀杆的适当部位粘贴 X、Y 方向的应变片，检测信号经放大、处理，即可确定出加工时刀杆所产生的偏移及直线度误差，进而近似估算深孔的直线度误差。

1.2.3　深孔直线度误差评定

深孔尺寸检测可获取零件的质量参数，在直线度检测中可获取深孔零件的轴线参数。对轴线参数进行评定而得到直线度误差结果的方法对直线度误差结果具有重要影响。直线度误差评定主要有以下几种方法。

（1）两端连线法。将轴线的首尾两个采样点连接，以此连线作为评定基线，分别求取评定基线两侧采样点到评定基线的最远距离，二者距离和即直线度误差值。

（2）最小二乘法。以轴线采样点的最小二乘中线作为评定基线。以评定基线为轴线作圆柱面，包容所有采样点的最小圆柱面直径即直线度误差值。

（3）最小包容区域法。不采用评定基线，直接寻求包容所有采样点的最小圆柱面直径，以求解直线度误差。

1.2.4　深孔检测技术难点

为实现对深孔零件参数的精确测量，各企业、机构、科研人员对深孔检测做出了许多创新，取得了较多的技术成果。而在实际应用过程中，仍有许多不便。

目前最为常用的深孔轴线直线度检测方法为超声波测壁厚法。当各处测得的壁厚相等时，即认为深孔直线度误差为零。但存在这样的深孔零件：其壁厚处处相等而轴线弯曲。显然利用超声波测壁厚法求深孔直线度具有原理性误差。利用激光准直原理测量深孔轴线直线度与超声波测壁厚法相比原理性误差小，但一直缺乏成熟的检测仪器。在深孔检测方面还存在其他有待解决的问题，如：

（1）某些深孔零件直径较小，无法直接观察到深孔内壁的情况。检测仪器设计时，外形尺寸有限，难以满足小孔径的深孔检测。

（2）深孔孔径较大时，孔深随之增长，最长可达数十米。在数十米的深孔零件检测时，检测装置移动的直线度较难保证。针对较长深孔的检测仪器有待开发。

（3）深孔检测一般在孔零件加工完成后进行。检测仪器虽能获取孔零件参数的不良情况，但加工完后，零件已经成型，孔轴存在弯曲等不良情况。因此，在加工过程中进行检测并及时反馈孔的参数信息显得尤为重要，但在线检测系统目前还没有较好的方案。

（4）深孔零件在使用过程中也需要检测，在特殊应用场合中，深孔零件内壁会产生划痕、剥落、蚀坑以及附着物残留等不良现象，严重影响深孔零件的进一步使用。迫切地需要对深孔内壁进行三维重建，以对深孔的使用状态以及寿命进行分析。

第 2 章
国内深孔加工技术

2.1　国内深孔加工企业简介

我国山东德州有多家生产深孔机床和刀具的企业。山东普利森集团是其中历史悠久、拥有6个子公司及一个分公司的单位（图2-1）。德州市巨泰机床制造有限公司专业生产深孔钻镗床，是德州市深孔加工行业的骨干力量。德州三嘉机器制造有限公司是开发、设计、制造、销售深孔加工机床的专业厂家。其他省市也有众多深孔加工单位。陕西金石机械制造有限公司是中国枪钻机床诞生地。唐山嘉联机械设备有限公司可提供深孔枪钻机床设备及深孔加工技术方面的服务。鸿特机械发展（上海）有限公司是一家专业从事深孔钻机床制造、刀具销售和深孔加工及售后服务的公司。北京吉诺兄弟深孔设备科技有限公司是一家专业从事深孔枪钻机床及深孔钻镗床的设计、制造、生产、销售的高新技术企业。中山迈雷特数控技术有限公司是高新技术企业，也拥有深孔加工枪钻技术。还有很多优秀企业从事深孔加工相关业务，这里不再一一列举。

图 2-1　深孔机床生产车间

2.2　枪钻机床及枪钻

2.2.1　枪钻机床

枪钻法属于外排屑加工方式，切削油由冷却系统的高压泵组供入机床主轴尾端的旋转接头,经主轴内孔、刀具内部空腔供入刀具切削刃部,对切削刃进行冷却、润滑,然后携带切屑的切削油通过刀具 V 形槽和已加工孔壁之间的空隙排入导向装置。刀具进入工件前依靠导向套导向,进入工件后依靠自导向功能完成深孔钻削。该方法一般适用于 $\Phi \leqslant 40$ mm 的深孔加工,如图 2-2 和图 2-3 所示。

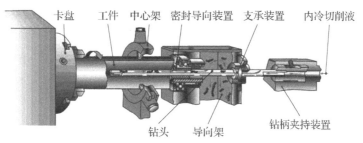

图 2-2 深孔枪钻机床

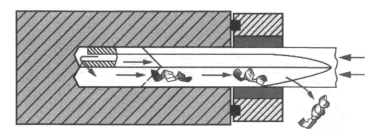

图 2-3 枪钻法加工简图

2.2.2 枪钻加工的特点

(1) 同麻花钻相比,具有极高的效率。对于长径比≤200∶1 的孔,一般情况下均可一次进给完成钻削,中途不需退刀,可获得极佳的尺寸精度、直线度、表面粗糙度,可加工直孔、斜孔、交叉孔、盲孔、扩孔等。

(2) 切削热不易散发。切断的切屑及产生的切削热均由冷却液带走,必须采取有效的强制冷却方式,因加工孔径小、钻杆过水孔小,需要高压冷却系统,高压冷却液也有助于强制断屑,可将片状软屑直接冲断。加工孔径和钻深对应的冷却液压力和流量如图 2-4 所示。同时冷却系统需配备高精度过滤装置,保证不会堵塞过水孔,也有助于保证加工孔的表面质量。

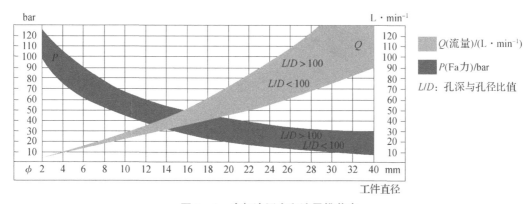

图 2-4 冷却液压力和流量推荐表

（3）深孔加工是在封闭状态下完成的，不能直接观察到刀具的切削情况，需要凭经验，通过听声音、看切屑、观察机床负荷及切削液压力变化、机床振动等现象来判断切削过程是否正常。

（4）冷却介质对深孔加工影响较大。深孔加工过程中深孔刀具的导向块与孔已加工表面直接接触，冷却介质不仅要冷却加工区域、冲走切屑，还要能够形成极压油膜，用以保护刀具导向块，延长刀具寿命和提高加工精度，因此，冷却介质中一般都含有极压添加剂及其他成分。

2.2.3 枪钻机床型号编制

以 ZK2102A – 1000 为例：

Z 表示钻床（枪钻）；

K 表示数控；

21 表示卧式钻床；

02 表示最大钻孔直径为 2 × 10 = 20 mm；

A 表示改进升级系列；

1000 表示最大钻孔深度为 1 000 mm。

2.2.4 枪钻刀具

枪钻最初用于加工枪管。其钻孔精度一般为 IT7 ~ IT11，钻孔表面粗糙度 Ra 一般为 3.2 ~ 0.4 μm。

枪钻具有一次钻削就能获得良好精度和表面粗糙度等特点，已用于小深孔和特殊孔的加工。随着近几年来的应用越来越广泛，枪钻的适用范围也在不断扩大，不仅可以加工通孔，还可以加工盲孔、阶梯孔、斜孔等。

枪钻由钻刃、钻管、钻柄三部分组成（图 2 – 5）。钻刃材料有高速钢和硬质合金两种，并与钻管焊接为一体，目前钻刃材料常用硬质合金。

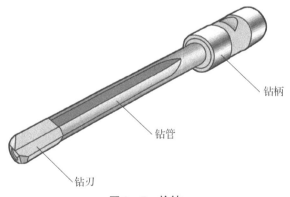

钻柄

钻管

钻刃

图 2 – 5 枪钻

枪钻加工属于外排屑加工方式，工作原理：切削液由枪钻钻柄上小孔流入，进入钻管内部，到达钻刃进行冷却、润滑，并将切除的切屑从刀具的 V 形槽中排出。

刀具磨钝后，需对切削刃进行刃磨。枪钻的角度较为复杂，需要专用的磨刀夹具配合工具磨床或专用磨刀机使用，才能准确地磨削钻头各个角度以延长刀具寿命。并且，枪钻的刃磨需要采用强制磨削的管理办法，避免因刀磨损变钝造成枪钻断头。

　　硬质合金枪钻，在深孔钻专机上以正确的切削参数正常切削加工时，两次刃磨之间连续切削长度一般为 10 ~ 20 m（因材料而异）。

2.3　深孔钻镗床及 BTA 钻

2.3.1　深孔钻镗床型号编制

深孔钻镗床是深孔类加工机床中应用范围最广、功用最齐全的机床。

（1）按照功用分为 T21 系列深孔钻镗床及 T22 系列深孔镗床。

例如，T（K）2120G × 2000（数控）深孔钻镗床：

T 表示镗床；

K 表示数控 [不带 K 为 PLC（可编程逻辑控制器）控制]；

2 表示卧式深孔钻镗床；

1 表示同时具备钻孔、镗孔功能；

20 表示最大加工孔（镗孔）直径为 20 × 10 = 200 mm；

G 表示改进升级系列；

2000 表示最大加工孔深度为 2 000 mm。

再如，TK2236G × 2000 数控深孔镗床：

第二个 "2" 表示仅具备深孔镗削功能；

36 表示最大镗孔直径为 36 × 10 = 360 mm。

（2）钻（镗）杆部分可旋转的深孔钻镗床型号后加 "/1" 来表示。

例如，TK2120G/1 × 2000 数控深孔钻镗床：

除具有（1）中功用外，还可实现钻（镗）杆相对于工件的反向旋转运动。

（3）加工孔径涵盖范围非常广。

最大加工孔直径分为 10 系列、20 系列、25 系列、36 系列、40 系列、50 系列、63 系列、80 系列、100 系列、125 系列，相当于最大加工孔径从 $\Phi100$ mm 到 $\Phi1\,250$ mm。

2.3.2　深孔钻镗床的结构

深孔钻镗床中的 "钻" 指的是 BTA 深孔钻削法。与枪钻法不同，BTA 属于内排屑加工方式，切削油由冷却系统的高压泵组供入导向装置，经过刀具外部与已加工孔壁之间的空隙，到达刀具切削刃部，对切削刃进行冷却、润滑，携带切屑的切削油通过刀具内孔、机床主轴内孔排出。BTA 方式的加工范围为 $\Phi15$ ~ $\Phi200$ mm，与枪钻加工孔径具有重叠的部分，在 $\Phi25$ ~ $\Phi40$ mm 区段，无论是加工效率方面，还是经济性方面，均具有相对于枪钻法的明显优势。除 BTA 实体钻削外，还衍生出 BTA 扩孔钻、BTA 套料钻（环钻）等。对于大于 $\Phi140$ mm 的孔，如果直接采用 BTA 实体钻削，则需要机床具备强大的扭矩及足够的进给刚性和进给力；如果采用 BTA 套料钻法，则切削功率大大降低，特别是对于较昂贵的材质，还可以获得完整的料芯。BTA 钻削法加工简图如图 2 - 6 所示。

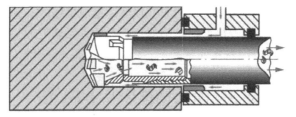

图 2-6 BTA 钻削法加工简图

1. 工件的夹持方式

深孔钻镗床的床头箱主轴端配置灯笼体，灯笼体内孔直径大于最大加工孔径，满足加工完毕后的容刀要求，周边壁上布置一对方孔，用于镗孔加工时向前排屑（图 2-7）。

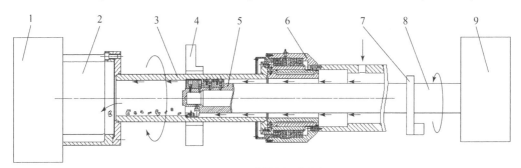

图 2-7 深孔镗削一般原理

1—床头箱；2—灯笼体；3—工件；4—中心架；5—深孔镗头；6—授油器；
7—钻镗杆支架；8—钻镗杆；9—钻镗杆夹持架

对于深孔钻削，工件通常采用卡盘+中心架方式夹持，授油器顶紧工件右端面实现封油。

对于深孔镗削，通常采用双锥盘方式顶紧定位夹持工件，工件两端需事先车制与锥盘对应的倒角，较长的工件还需使用中心架进行辅助支撑。该种夹持方式方便、高效，同时避免了卡盘过孔尺寸的不足，满足镗穿工件时刀具顺利地从左端夹持端穿过至灯笼体内。

2. 授油器的作用

（1）作为副主轴，授油器主轴前端安装锥盘（内顶尖），顶紧并支撑工件。采用液压或伺服方式控制授油器的顶紧并保持长时间恒力输出。

（2）向加工工件输入冷却液并密封。

（3）授油器主轴前端安装刀具导向套，实现钻头或镗头切入时的导向精度。

（4）授油器主轴后端安装钻（镗）杆导向套，实现钻（镗）杆的导向精度。

3. T21 系列机床与 T22 系列机床的主要区别

（1）冷却系统配置不同。T21 系列需考虑钻孔，因而冷却泵额定压力高，通常不低于 2.5 MPa；T22 系列仅镗孔，冷却泵额定压力通常在 0.5 MPa 以下。

（2）切屑收集方式不同。T21 系列同时满足钻孔和镗孔，除在床头主轴箱端布置床头排屑斗外，还需满足钻杆尾端排屑筒在长距离移动状态下的切屑收集；T22 系列仅镗孔，布置床头排屑斗即可。

（3）授油器局部不同。T21 系列机床的授油器，特别是在需要钻削较小规格孔时（$\Phi 40$ mm规格以下孔），冷却压力可达 5 MPa 以上，需要在授油器内部配置泄压轴结构，避免授油器高压炸膛；T22 系列无须配置。

4. 配置钻镗杆箱的情况

钻镗杆箱的作用是驱动钻镗杆旋转。在钻镗孔加工时，存在工件较长、较重，同时加工孔径偏小的情况，如大规格钢锭钻小孔、长规格钢管镗小孔等，为保证切削线速度及加工效率要求，通常采用工件低速旋转，刀具反向高速旋转的方式。钻镗杆夹持在钻镗杆箱的主轴前端，对于 BTA 钻孔，切屑自钻杆箱的主轴孔向后排出，此时需在钻杆箱主轴尾端配置排屑筒及回转密封装置。

2.3.3　典型深孔钻镗床

1. T2120G 系列深孔钻镗床

表 2 – 1　T2120G 系列深孔钻镗床核心性能参数

类别	规格参数	类别	规格参数
实心钻孔直径范围	$\Phi 40$ mm ~ $\Phi 80$ mm	主电机	$N = 30$ kW，$n = 1\,460$ r/min
镗孔直径范围	$\Phi 40$ mm ~ $\Phi 200$ mm	控制单元	数控系统或 PLC
中心高	400 mm	进给电机	26 N·m 伺服电机
最大加工深度	（按规格）最大可至 10 000 mm	授油器电机	32 N·m 伺服电机
主轴端卡盘直径	$\Phi 400$ mm	冷却泵电机	$N = 5.5$ kW $n = 1\,440$ r/min（4 组）
主轴转速范围、级数	60 ~ 1 000 r/min 12 级转速	冷却泵系统额定压力	2.5 MPa
进给速度范围	5 ~ 2 000 mm/min （无级）	冷却系统流量	100 L/min、200 L/min、300 L/min、400 L/min

T2120G 系列深孔钻镗床是深孔钻镗床的基型产品（图 2 – 8），其很多模块或部件为其他型号机床所借用，该型号加工范围涵盖了大部分深孔工件的钻孔、镗孔要求，应用广泛，T2120G 的派生型号有 T2120G/1、TK2120G、TK2120G/1 等。

图 2 – 8　T2120G 深孔钻镗床

机床授油器部分淘汰了传统的液压驱动结构，采用了纯电控伺服结构，授油器顶紧力通过数字方式无级数显调节，授油器快速移动接近工件右端时即转为顶紧模式，以低速顶紧定位工件并保持恒定的顶紧力输出，此时伺服电机工作在恒扭矩输出状态，可实现长时间的旋转。

如图 2-9 所示，机床下方为床体，从左至右依次是床头箱、床头排屑斗（容纳床头主轴端灯笼体及卡盘）、工件托架、工件中心架、授油器、钻镗杆支架、钻镗杆夹持架、钻杆尾端排屑斗，对于需配置钻镗杆箱的情况，将钻镗杆夹持架更换为钻镗杆箱。

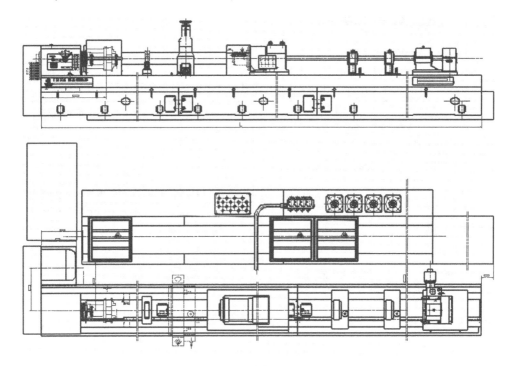

图 2-9　钻镗床剖面图

冷却系统在机床的后方，由油箱、泵站、输油管、储屑筐和回油槽等组成，冷却液的作用，一是冷却，二是清除切屑。该冷却系统配备了四组电机驱动的齿轮泵组，通过各组电机的启停，可以得到 100 L/min、200 L/min、300 L/min、400 L/min 四种流量，压力 2.5 MPa，足以满足各种孔径的钻镗加工要求。前方的储屑筐放置在床头排屑斗处；后方的储屑筐随进给拖板同步移动，接纳钻杆箱尾端排屑斗排出的切屑及冷却液。

2. T2225G 系列深孔镗床

T2225G 系列深孔镗床仅用于深孔镗削加工，广泛地应用于工程油缸、煤机油缸的加工中，由于该类工件通常使用无缝钢管管材，无须钻孔，因而冷却系统采用低压离心泵，最大流量 600 L/min，额定压力 0.3 MPa，满足偏大孔径的镗孔加工要求，如图 2-10 所示。

3. TK2236G 系列数控深孔镗床

TK2236G 系列数控深孔镗床仅用于深孔镗削加工，为满足煤炭综采设备中的液压支架立柱千斤顶 $\Phi360$ mm 油缸而进行扩大开发。其冷却系统采用低压离心泵，最大流量 800 L/min，额定压力 0.3 MPa，满足大孔径的镗孔加工要求，如图 2-11 所示。

图 2 – 10　T2225G 深孔镗床

图 2 – 11　TK2236G 数控深孔镗床

4. T2150 系列深孔钻镗床

T2150 系列深孔钻镗床是大型深孔钻镗床的基型产品（图 2 – 12），加工范围主要考虑大型工件的钻孔、镗孔要求，应用广泛，T2150 的派生型号有 T2250A、TK2150 等。

图 2 – 12　T2150 深孔钻镗床

与小规格深孔钻镗床不同，自 T2150 以上，且具备钻孔功能的 T21 系列深孔钻镗床，全系列均配置钻镗杆箱，在命名方式上后缀不用"/1"标示。机床主要用于长规格石油钻铤、转子轴等大型工件的钻孔，同时用于大型煤机缸的镗孔加工。

灯笼体头部配置大型中空四爪卡盘，可满足最大至 $\Phi500$ mm 刀具的通过要求，保证在镗削大型工件时，实现用卡盘加锥盘定位工件，避免了仅使用双锥盘方式顶紧定位工件时，存在工件与锥盘打滑而产生丢转的问题。

表 2 – 2　T2150 系列深孔钻镗床核心性能参数

类别	规格参数	类别	规格参数
机床床体	总宽 755 mm 双矩形导轨	镗杆箱转速范围、级数	60 ~ 1 000 r/min 12 级
实心钻孔直径范围	Φ40 mm ~ Φ140 mm	快速移动速度	2 000 mm/min
最大镗孔直径	Φ500 mm	进给速度范围	0.5 ~ 450 mm/min（无级）
机床中心高	625 mm	主电机	N = 30 kW 三相电机
中心架夹持工件直径范围	Φ200 mm ~ Φ650 mm	镗杆箱电机	N = 30 kW 三相电机
主轴转速范围、级数	3.15 ~ 315 r/min 21 级	进给电机	N = 7.5 kW，台达伺服电机
主轴前端轴承直径	Φ200 mm	授油器顶紧电机	N = 7.5 kW，台达伺服电机
主轴孔径	Φ120 mm	冷却系统额定压力	2.5 MPa
主轴前端锥度	公制 140 号	冷却系统流量	200 ~ 800 L/min

5. T2180 系列深孔钻镗床

T2180 系列深孔钻镗床是重型深孔钻镗床的基型产品（图 2 – 13），加工范围主要考虑重型工件的钻孔、镗孔要求，应用广泛，T2180 的派生型号有 T2280（图 2 – 14）、TK2180、TK2280 等。T2180 系列深孔钻镗床主要用于重型风电转子、重型汽轮机转子的钻孔，同时用于大型核电管道、大型水利油缸内孔的镗孔加工。

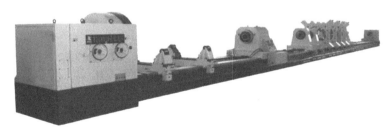

图 2 – 13　T2180 深孔钻镗床

图 2 – 14　派生型号 T2280 深孔镗床（仅用于镗孔）

表 2 - 3 T2180 系列深孔钻镗床核心性能参数

类别	规格参数	类别	规格参数
钻孔直径范围	Φ60 mm ~ Φ200 mm	机床导轨宽度	1 250 mm
套料直径范围	Φ140 mm ~ Φ350 mm	机床中心宽度	80 mm
镗孔最大直径	Φ800 mm	冷却系统额定压力	2.5 MPa
闭式中心架夹持工件直径范围	Φ320 mm ~ Φ950 mm	冷却系统流量	20 ~ 100 L/min
开式中心架夹持工件直径范围	Φ600 mm ~ Φ1 200 mm	最大承载重量	20 t
卡盘夹持工件直径范围	Φ320 mm ~ Φ1 250 mm	—	—

6. T21100 系列深孔钻镗床

T21100 系列深孔钻镗床是 T2180 的扩大系列，主要是床头箱更换为重型结构，满足最大工件重量 40 t，机床中心高由 800 mm 增大至 1 025 mm，最大镗孔直径可达 Φ1 250 mm。该类型号机床的应用范围相对较窄，需要根据实际加工工件的尺寸、形状等调整机床结构，如图 2 - 15 所示。

图 2 - 15 T21100 深孔钻镗床

2.3.4 常规深孔刀具

1. BTA 深孔钻头

BTA 深孔钻头用于实体钻孔，如图 2 - 16 所示。

2. 深孔镗头

深孔镗头用于以自导向方式镗孔，如图 2 - 17 所示。

图 2 – 16　BTA 深孔钻头

图 2 – 17　深孔镗头

3. 深孔精镗头

深孔精镗头用于对镗孔后的孔进行精加工，获得较高的尺寸精度，切削余量（切深）通常在 0.5 mm 以内，如图 2 – 18 所示。

4. 深孔滚压头

深孔滚压头用于对精镗孔进行滚压加工，获得很好的表面粗糙度，通常表面粗糙度 Ra 在 0.4 μm 以内，如图 2 – 19 所示。

图 2 – 18　深孔精镗头

图 2 – 19　深孔滚压头

5. TGG 复合镗滚头

TGG 复合镗滚头用于镗孔后的成型加工，通常应用在工程油缸、煤机油缸等缸筒的加工中。镗孔工序中按工件内孔尺寸留量约 1.5 mm（单边），再用 TGG 刀具一次加工即可得到最终的尺寸精度及表面粗糙度，如图 2 – 20 所示。

图 2 – 20　TGG 复合镗滚头

6. 各种非标深孔刀具及设计原则

深孔类工件的结构要素可以包括普通孔、台阶孔、大肚孔、交叉孔、内部台阶处圆角、球形底、卵形底、平底、局部锥孔等，先根据深孔工件的内孔要素进行工艺设计，再依据工序确定配置刀具的种类及个数。

深孔刀具的设计原则包括以下几个方面。

（1）依据工件材料选择刀片及导向键等，包括材质及涂层材料等，保证在切削过程中不与工件材料发生亲和等过早破坏。

（2）刀体部分进行良好的热处理。刀体作为基体，是其他部件的总基准，需保证精度稳定性；另外无论是内排屑刀具、外排屑刀具还是向前排屑的镗头等，均存在切屑直接与刀体接触形成挤压或摩擦的情况，需保证刀体硬度满足长期使用要求。

（3）依据工件材质确定合理的进给量及切削速度，选择合适的刀具角度，首先保证切屑可顺利断屑。

（4）保证刀具的导向精度。深孔刀具以自身导向，导向键的布置及与切除工件内孔的公差配合需合理。在深孔加工中，经常会出现以已加工孔为导向进行后续工序的情况，应确定刀具的导向方式、导向布置的部位。

（5）保证有足够的排屑空间。排屑和断屑同等重要，保证冷却液在切削区形成足够的流速，携带切屑自排屑空间排出，降低堵屑、挤屑的可能性。

（6）保证具有良好的互换性。根据工序的需要，可以设计成整个刀体互换，后者刀体及导向部分不动，仅切削部分互换。保证便于拆装，定位可靠，定位精度及精度保持性好。

2.3.5　数控镗削–刮削–滚光机床及组合刀具

1. 数控深孔刮滚机床命名规范

例如，TZK25A × 2000 数控深孔刮滚机床：

T 表示镗床；

Z 表示自动，即高效刮滚机；

K 表示数控；

25 表示最大加工孔（镗孔）直径为 $25 \times 10 = 250$ mm；

A 表示改进升级系列；

2000 表示最大加工孔深度为 2 000 mm。

双旋转数控刮滚机床的型号后加"/1"来标示，如 TZK25A/1 × 3000 数控深孔刮滚机床。

数控刮滚机床型号有 TZK20A、TZK20A/1、TZK25A、TZK25A/1、TZK36A、TZK36A/1、TZK42A、TZK42A/1、TZK50A、TZK50A/1、TZK63A、TZK63A/1，最大加工深度可达 12 000 mm。

2. 镗削–刮削–滚光原理

镗削（尤其是采用大进给量镗削）时，会产生明显的峰谷，表现为内孔刀纹明显，表面粗糙度低；刮削又称为精镗，即用主偏角很小（可实现很大的每转进给量）、切深较小的刀片，对镗削内孔进行精加工，获得较高精度的内孔尺寸，该工序又称为定尺寸工序；滚光工序对内孔进行进一步的光整加工，填平波峰波谷，获得极高的表面质量，同时完成内孔表面的硬化，对于液压缸类工件是很好的内孔精加工方式。如图 2 - 21 ~ 图 2 - 24 所示。

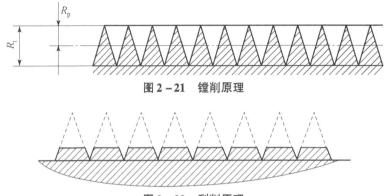

图 2 - 21　镗削原理

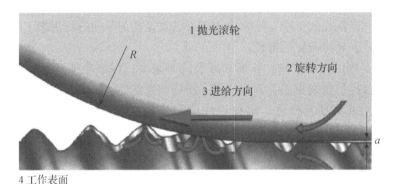

图 2 - 22　刮削原理

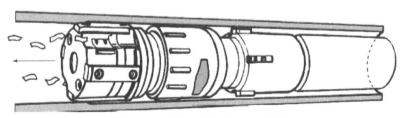

图 2 - 23　滚压原理

图 2 - 24　刮削 - 滚压组合加工原理

3. 数控镗削 - 刮削 - 滚光机床

数控镗削 - 刮削 - 滚光机床又称为数控刮滚机（图 2 - 25）。与普通深孔镗床不同，数控刮滚机配置大功率镗杆箱（驱动刀具旋转）及强大的冷却过滤系统，机床适用于工程油缸、偏小规格的煤机油缸等，满足大批量高效率加工的要求。因加工效率高且使用组合刀具，为满足冷却要求及刀具对洁净切削液的要求，冷却系统不但流量大（1 200 L/min 以上），而且过滤精度高（50 μm 以内）。

对于热轧管类工件，管料内孔余量较大，并且不均匀，采用镗削 - 刮削 - 滚光三组合加工方式，为防止加工内孔产生出口偏斜，采用工件低速旋转、刀具反向高速旋转的加工方式，通过工件旋转时的刀具回中现象，可以控制出口的轴线偏斜（即保证出口端的壁厚差在一定范围内）。

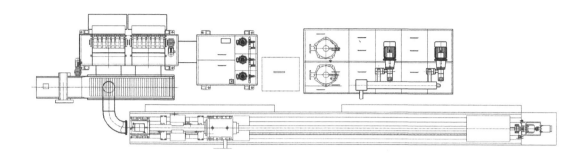

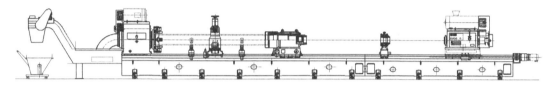

图 2 - 25　双旋转数控镗削 - 刮削 - 滚光机床

对于冷拔管类工件，坯料管内孔的质量非常好，余量均匀，切深余量可控制在 0.6 mm 以内，该种方式下，直接用刮削 - 滚光两组合加工方式（图 2 - 26）。满足两组合刮滚加工的刮滚机床，工件两端采用双锥盘方式顶紧并定位，对于较长的工件，中间部位再布置一套或若干套自定心开合夹具，工件不转，仅刀具旋转并进给完成内孔加工。

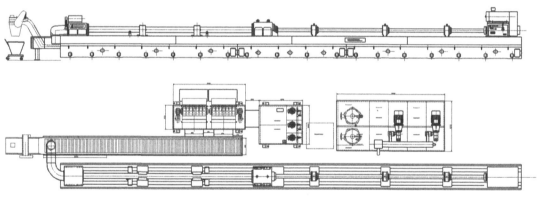

图 2 - 26　单旋转数控刮削 - 滚光机床

无论是三组合还是两组合，均采用一次进给的方式完成内孔加工，因此加工效率极高，以 $\Phi160$ mm 工程油缸为例，热轧管采用三组合方式加工，每分钟进给量可达 600 mm 以上，若采用冷拔管以两组合方式加工，则每分钟进给量可达 1 000 mm 以上。

4. 深孔刮滚机床刀具

三组合刀具与两组合刀具的主要区别是三组合刀具的前端布置镗削（粗镗）刀头，为匹配刮削部分和滚光部分的每转进给量要求，镗削刀头通常要布置多组刀片，一般采用三组均布的结构，三组刀片刀尖位于同一圆周上，且位于同一垂直于刀具回转轴线的面内，如图 2 - 27 和图 2 - 28 所示。

图 2-27 两组合刮削-滚光刀具

图 2-28 三组合镗削-刮削-滚光刀具

刮削部分和滚压部分同步通过刀具尾端的液压油路实现自动涨缩。工作状态下，液压油路通入高压油，滚柱保持器向后移动，滚柱向锥面跑道大端爬升实现胀开，同时刮削部分刀具胀开，刮削部分的最终胀开尺寸按照加工缸筒的内径尺寸调定，滚压部分的最终胀开尺寸按照刮削部分的调定尺寸和所需要的滚压量最终调定。

由于工程油缸和煤机油缸均采用较宽的内孔尺寸公差（通常为 H9）、较严格的孔径圆度（通常为 0.02 mm）、较高的表面质量要求（通常要求内孔表面粗糙度 Ra 不大于 0.4 μm）来设计，因而使用上述组合刀具可以很好地满足该类工件的加工要求。在组合刀具加工中，由于工件在镗削和刮削中已经形成了一定的局部温升，因而后方的滚压加工可以非常顺利地进行，即便采用深滚压方式（滚压量直径方向达 0.25~0.3 mm），回弹后的内孔尺寸相比刮削孔径尺寸的增加也可以稳定在 0.02 mm 以内，对孔径的扩大可以忽略。该种状态下，滚压的表面质量非常好，通常可在 Ra0.1 μm 以内，达到镜面效果，如图 2-29 所示。

图 2-29 组合刀具加工的
油缸内孔表面

2.4 深孔珩磨机及珩磨头

深孔珩磨是利用镶嵌在珩磨头上的珩磨条对深孔加工内孔表面进行精整加工的方法，珩磨能实现不同材质、不同硬度、各种孔径规格、各种深径比要求的高精度深孔加工，其适用范围广、操作简便。

珩磨的主要作用是提高内孔的几何形状精度（圆度、尺寸公差），以及提高内孔的表面质量，是目前最行之有效的内孔精密加工方式。深孔钻镗加工一般可控的内孔尺寸公差为 H8~H9 级，而深孔珩磨可控的内孔尺寸公差在 H7 级以内；对于内孔表面质量要求较高，而又不适合滚压加工的场合（如工作在高温高压环境的炮管部件、工作在高速滑动摩擦环境的塑机机筒部件、脆性材料部件等），深孔珩磨是无可替代的加工方式。

2.4.1 2M21 系列强力珩磨机

深孔珩磨机分为 2M21 系列（图 2-30）、HMS 系列两大系列，分别适用于不同行业、不同工件。

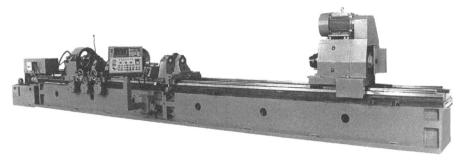

图 2 - 30　2M21 强力珩磨机

2M21 系列珩磨机按规格分为 2M2120、2M2125A、2M2136、2M2150 系列。"2M" 为磨床的分类（分为 1M、2M、3M），"2M21" 代表 "卧式内圆珩磨机"，后面的数字表示最大加工内孔直径尺寸的 1/10。

2M21 系列珩磨机的突出特点是：①机床采用铸铁床身，机床基体刚性好，导轨面的几何精度及精度保持性好；②采用工件旋转、珩磨头反向旋转的加工方式，配备大孔径旋转床头箱，工件从床头箱内孔中穿过，用床头箱四爪卡盘夹持，对于较长工件，再使用中心架进行辅助支承，贯穿式床头箱保证了珩磨过程中珩磨头在出口端有足够的退刀空间，同时也便于在工件两端对加工内孔进行测量；③对大型内孔工件的珩磨，由于采用了双旋转方式，保证了加工内孔的圆度，同时保证了珩磨头圆周方向各处珩磨条磨损均匀，尤其是对于自重较大的珩磨头，这种方式保证了珩磨的精度；④承重能力大，可用于重达 20 t 以上的部件内孔珩磨，常用于大型关键部件内孔的最终精整工序。

该系列珩磨机造价偏高，主要用于大型关键部件的珩磨工序。所应用珩磨头为常见的圆周辐射方式，对珩磨头的自重控制要求较低。珩磨头顶紧方式可以选择液压顶紧方式或伺服顶紧方式，两种方式都是顶紧力最终作用在珩磨杆内杆上，向前顶紧珩磨头锥芯，实现珩磨条的向外扩张动作，压紧在工件内孔壁上，如图 2 - 31 所示。

图 2 - 31　深孔珩磨头

2.4.2　HMS 系列珩磨机

HMS 系列珩磨机按规格分为 HMS10、HMS25、HMS36、HMS50 系列。"HM" 表示内孔珩磨机，"S" 表示改进升级系列，后面的数字表示最大加工内孔直径尺寸的 1/10。

HMS 系列珩磨机如图 2 - 32 所示，采用型材焊接结构床身，工件固定不动，珩磨头旋转并往复运动实现内孔珩磨加工。

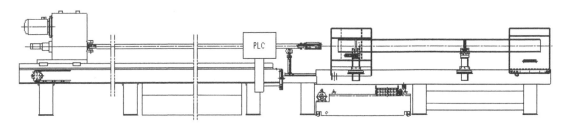

图 2 - 32　HMS 系列珩磨机

　　HMS 系列珩磨机的相关特点是：①机床床身刚性较差，因而不依靠机床自身的几何精度来保证加工精度，珩磨杆与磨杆箱、珩磨杆与珩磨头均采用万向铰接方式连接，利用珩磨头自身扩张压紧在内孔壁上，实现自导向进行旋转运动及往复运动，实现加工精度；②珩磨头设计轻量化，自身过重会影响珩磨内孔的圆度；③往复部分采用链条结构，在链条托架的辅助支撑下，可满足任意往复长度的使用条件；④珩磨头顶紧方式仍然采用顶杆式，选择液压顶紧方式或伺服顶紧方式。

2.4.3　HMS 系列珩磨机的伺服顶紧方式

　　该方式下，珩磨头采用伺服电机与精密行星减速机、精密丝杆机构实现珩磨头顶紧扩张（图 2 - 33），利用伺服电机的控制模式可实现多种珩磨方式。

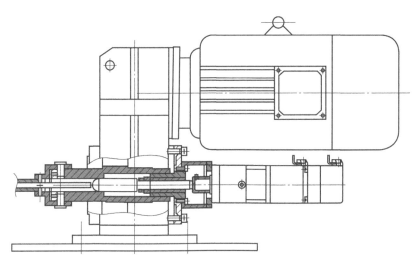

图 2 - 33　伺服顶紧方式示意图

　　（1）定压扩张珩磨。该种方式下，伺服电机以恒定的扭矩输出，反映在珩磨条上则是恒定的压力压向孔壁，主要用于粗珩磨阶段。

　　（2）定量扩张珩磨。该种方式往往与定压扩张珩磨方式配合使用，随着珩磨的进行，珩磨条的磨粒逐渐变得圆滑，此时珩磨效率下降，摩擦力增大，珩磨过程出现尖锐的声响，发热严重，珩磨去除速度变得非常慢，此时采用定量扩张的方式，使珩磨条强行扩张压向工件内壁，表面的圆滑磨粒发生破碎，形成自锐，重新恢复高效率的珩磨状态。

　　（3）不进给珩磨。不进给珩磨即保持伺服电机为堵转状态，此时的珩磨头外径尺寸恒定，在此状态下进行多次往复冲程运动，可在一定程度上修正内孔尺寸的一致性，这种功能是液压扩张方式所不具备的。不进给珩磨可穿插在正常的珩磨过程中。

（4）到量余量监测。距离最终要求的孔径尺寸剩余很小的珩磨量时，可使用此功能，将最终尺寸与实测尺寸的差值预先输入控制单元中，与伺服电机实际扩张出的量进行对比，到量后珩磨自动停止。实际会因为珩磨条的磨损而未达到最终的孔径尺寸精度，对此，可再次设置余量重复此过程，该方式可保证加工孔径不会超过孔径尺寸上限值。

第 3 章
国际深孔加工技术

3.1 瑞典深孔加工技术

3.1.1 Sandvik 深孔加工

山特维克可乐满隶属于全球工业集团山特维克，是世界上较为领先的金属切削刀具制造商，同时也是刀具解决方案和专业加工知识的提供者，致力于制定行业标准，不断推出创新技术，在满足金属切削行业当前需求的同时，不断革新，发展深孔加工技术。

该公司是一家以理念为驱动的企业，不断尝试突破各种客观存在的限制，从硬件到软件，业务覆盖制造业产业链的大部分，推动着机床加工业技术创新和实现最大生产率，同时尽可能减少浪费。

1. 喷吸钻系统

喷吸钻系统（图 3-1）可以轻松地、经济地应用于水平旋转主轴的加工机床（加工中心）。它由钻头、外钻管、内钻管、连接器和密封套筒等组成（图 3-2）。钻头是通过四头方形螺纹固定在钻管上的。钻管和内钻管通过夹头和密封套筒与连接器连接。夹头和密封套筒需根据不同的直径进行更换。

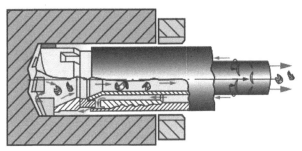

图 3-1 喷吸钻系统

喷吸钻系统的特点如下。

（1）工件和钻套之间无须密封。

（2）易于适配现有机床，如普通车床、车削中心、卧式镗床和加工中心。

（3）用于加工密封性要求高的工件。

（4）可以直接使用于已预钻的孔，而无须用钻套来导向。

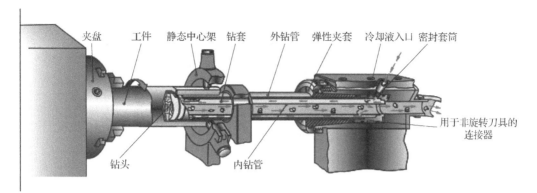

图 3 - 2　喷吸钻系统示意图

当使用喷吸钻系统时，工件和钻套之间无须使用密封圈。钻套应尽可能紧地靠近工件定位，因为支撑板相对较短，其距离不应超过 1.0 mm，以确保钻入时不偏心。为确保有效的切削液供应，钻套应至少比伸出钻管前部的钻头长 5.0 mm。当使用旋转钻头时，钻头支撑板和钻套配套非常重要。否则，周边刀片会切入钻套并将钻套内径扩大，这意味着在开始钻入时钻头不能得到充分的支撑，如图 3 - 3、图 3 - 4 所示。

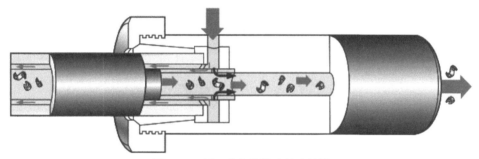

图 3 - 3　用于非旋转钻头的连接器

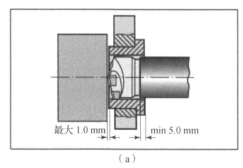

（a）

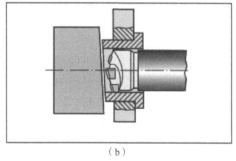

（b）

图 3 - 4　钻套定位图

应避免在断层和斜面上钻削。特殊情况无法避免时，钻套的角度应与工件端面的角度一致。尽可能地在斜面及交叉孔加工时使用特殊工装配合加工。

在现代机床上喷吸钻的喷吸钻削如图 3 - 5 所示。

通过使用 CoroDrill 880 钻预钻一个导向孔，便可去除分离的钻套，并且可使喷吸钻应用于现代数控车床和加工中心。

图 3 - 5 喷吸钻应用图

钻头应用时应当注意，当使用的机床带有一个旋转的钻头连接器时，必须使用旋转制动器，以避免连接器外壳旋转。假若刀片座或轴承被破坏，那么连接器的外壳就可能旋转，而且它会拖着供油管一起旋转，这将会引起一系列的事故。如果旋转的连接器已经长时间没有使用，则在启动机床主轴之前应检查其能否自由旋转，如图 3 - 6 所示。

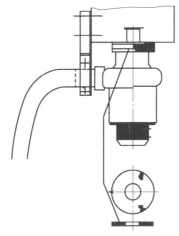

图 3 - 6 钻头旋转图

2. 单管钻系统

单管钻系统（图 3 - 7）的原理是外冷却液供给和内切屑传送。通常，钻头都是靠螺钉固定在钻管上的。冷却液经过钻管和孔之间的缝隙实现供给。同时切削液携带钻屑通过钻管。由于切削液流速很快，因而切屑能够无障碍地通过钻管。由于是内部排屑，钻柄外部无须排屑槽，所以连接部分可做成圆形截面，其刚性较枪钻要高。单管钻的生产效率是枪钻的 6 倍。单管钻系统示意图及单管钻分解图如图 3 - 8 和图 3 - 9 所示。

单管钻系统的特点如下。

（1）在不锈钢和低碳钢等切屑形成差的材料中使用。

（2）可用于加工存在断屑问题的不均匀结构材料。

（3）可长时间工作。

（4）加工超长的工件时，工件一致性好。

（5）适用于直径大于 200 mm 的孔。

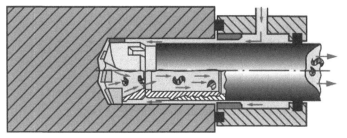

图 3－7　单管钻系统图

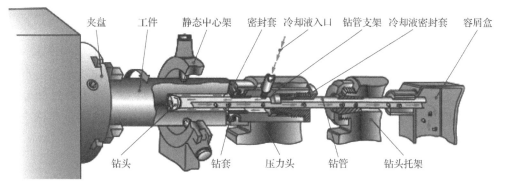

图 3－8　单管钻系统示意图

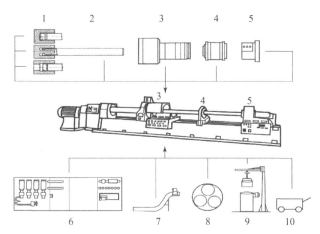

图 3－9　单管钻分解图

1—用于整体钻、套孔钻和扩孔钻的刀具；2—钻管；3—压力头；4—防振器；5—夹盘；
6—切削液单元（油箱和制冷）；7—切屑传送带；8—切屑圆盘；9—切屑离心分离机和提升机；10—容屑盒

3. 枪钻系统

枪钻系统使用传统的切削液供给原理（图 3－10）。冷却液通过钻头内输送管而流到切削刃，流经切削区域后，将切屑从钻头外侧的 V 形切屑槽带出。由于是 V 形槽，其横截面面积占套管的 3/4。

枪钻系统的特点如下。

（1）切削液从钻头送入，并把切屑从钻头上的 V 形槽中冲出。

（2）工件与钻套以及容屑盒后部之间的密封必不可少。

（3）冷却液压力为单管钻系统的 50% 。

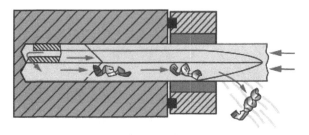

图 3-10 枪钻系统

（4）可钻削难断屑材料和极硬的材料。

（5）可获得极好的表面质量，公差范围小。

枪钻在使用时由于磨损、疲劳损伤等原因，需要定期重磨，以保证其钻削性能。通常对于直径小于 15 mm 的钻头，后刀面磨损 0.2~0.4 mm 后需重磨，直径更大的钻头可允许后刀面磨损 0.4~0.6 mm 后再重磨。根据所要求的孔公差和工件材料，钻头可以重磨 15~20 次，在两次重磨之间具有 10~20 次的刀具寿命。利用重磨夹具，重磨在普通机床上就可以完成。重磨还可以在枪钻磨床上进行。这种夹具和磨床具有以下特点。

（1）精确的重磨。

（2）原始切削槽形的再现。

（3）操作简单而迅速。

（4）钻头的整体性。

4. 加工系统的选择方法

1）喷吸钻系统

喷吸钻系统工件和钻套之间无须密封，易于适应现有机床，特别适合普通车床、车削中心、卧式镗床和加工中心

2）单管钻系统

单管钻系统在不锈钢和低碳钢等切屑形成差的材料中使用，可用于加工不均匀结构材料，在长时间生产时具有更多的优点，加工长径比大的孔时一致性好，适用于直径大于 200 mm 的孔。其要求特种 DHD（深孔钻削）机床。

3）枪钻系统

枪钻系统适用于小直径孔的加工。通过使用一个预钻削的导向孔，能够很简单地在加工中心进行应用。

5. 深孔钻削方法

1）整体钻削

整体钻削是最普通的钻削方法，如图 3-11 所示。它主要是在固体材料上进行钻孔。通常，其加工零件的孔径、直线度和表面质量都较好，无须再进行精加工。

2）扩孔钻削

扩孔钻削是在铸件、锻压件、冲压件、模压件等预制孔的基础上进行扩孔，以获得高质量的内孔表面（图 3-12）。如果机床功率不足，不能一次加工出所需的直径，可以先使用整体钻头钻削一个小孔，再使用扩孔钻头加工到所需的直径。在整体钻削和扩孔钻削之间也可穿插淬火、回火、去应力退火或其他工序。

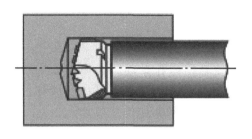

图 3 – 11　整体钻削

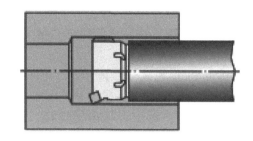

图 3 – 12　扩孔钻削

3）套孔钻削

套孔钻削也是在固体材料上进行钻削，但它并不是将打孔位置所有材料钻成切屑，而是在孔中央留下一个固体的芯轴（图 3 – 13）。由于此方法所需功率较小，故主要用于要求功率低的场合。如果所钻削工件材料昂贵，可将中间芯轴作为材料样本，将芯轴留下来以备将来重新利用，或用于其他用途。

注：钻盲孔时，应避免芯轴掉下来引起崩刀。钻深孔时，由于芯轴本身的重量会发生倾斜，因此须在芯轴上增加支撑避免刀具损坏。

4）交叉孔钻削

交叉孔钻削通常应用于难加工结构中，如钻削模具的冷却液孔和中间通道，另一个应用是钻削气动和液压零件。可使用枪钻或单管钻来进行交叉孔的钻削，如图 3 – 14 所示。

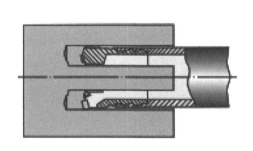

图 3 – 13　套孔钻削

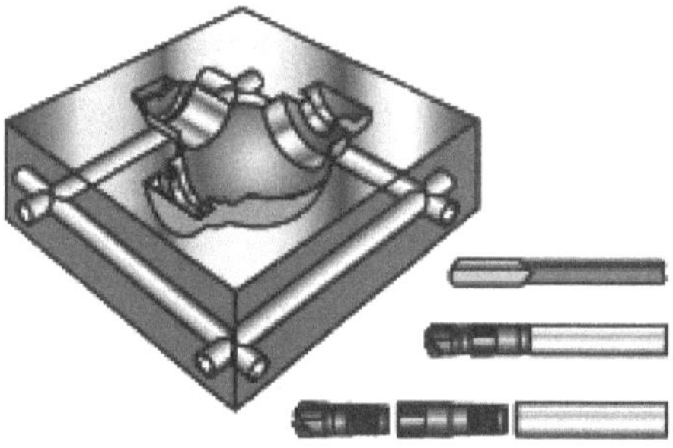

用于钻交叉孔的接杆

图 3 – 14　交叉孔钻削

6. 模块化钻削接口

CoroDrill® DS20 拥有高可靠性、寿命可预测性和出色的效率，借助稳定的高精度模块化钻削接口（MDI），可以进一步改善钻削操作并减少刀具库存，钻得更深、更快、更高效，如图 3 – 15 所示。

MDI 是一种稳定的高精度钻削接口。钻头和接杆之间的模块化接口便于将一种尺寸用于多种钻头直径，从而减少刀具库存，降低成本；四个定位销可实现高扭矩传输，并准确定位切削刃位置，装夹快速简单；刀柄和接杆有两种不同直

图 3 – 15　模块化钻削接口

径，可实现高配合精度双定心功能；再结合法兰以及钻体与螺母之间的表面接触，可以实现更高的稳定性、良好的跳动精度和最佳可重复性。

7. 减振刀具

Silent Tools 为减振刀具（图 3 - 16），可实现长悬伸内孔车削，为伸出长度不超过镗杆直径 14 倍的加工提供解决方案。通过 Silent Tools，对于较小悬径比的镗杆，生产率可提高 50%；对于大悬径比镗杆，可提高 400%，大大提高生产效率。CoroTurn SL 为模块化系统，配可换切削头，只需少量的接杆和切削头即可实现多样化的刀具组合，减振切削表面质量对比如图 3 - 17 所示。

图 3 - 16　Silent Tools 减振刀具

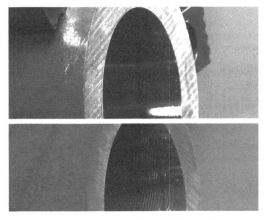

图 3 - 17　减振切削表面质量对比图

3.1.2　Seco Tools 深孔加工

山高刀具（Seco Tools）是全球最大的金属切削及深孔加工解决方案的供应商之一。它是山特维克集团的子公司，在山特维克的业务框架外独立运营。山高刀具为客户提供切削刀具、完善工艺并提供服务，帮助制造商提高生产率和收益率。

1. 整体硬质合金钻头

山高刀具众多的整体硬质合金钻头产品组合拥有广泛的槽型、涂层和直径，在钢件、叠层复合材料、难加工材料等各种工件材料中表现出卓越的性能（图 3 - 18）。其最小直径为

0.1 mm 的钻头系列可用于医疗、航天航空等各种行业的众多领域。其直径范围为 0.1 ~ 20 mm,并且孔径公差为 IT7 ~ IT12 的刀具,可以使用高进给量和高切削速度,并使用适合工件材料的槽型获得精密的孔公差。

图 3 – 18   山高刀具 Feedmax – 断续切削钻头

山高刀具 Feedmax SD245A 整体硬质合金钻头为具有不规则退刀和贯穿孔断续切削的孔加工应用刀具 (图 3 – 19),拥有高度的稳定性及良好的加工性能。这种钻头具有四个刃带、优化的自定心钻尖、增强的刃口修磨以及高度耐磨的 TiAlN + TiN 涂层,可轻松实现良好的孔几何尺寸以及 IT8 和 IT9 的 ISO (国际标准化组织) 公差。

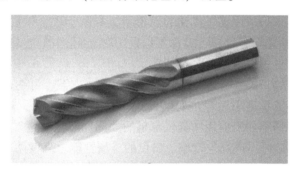

图 3 – 19   山高刀具 Feedmax – IT 7 高精度钻头

山高刀具提供两种不同的复合材料钻削解决方案:金刚石涂层钻头和多晶金刚石 (PCD) 钻头。这些刀具采用了专为普通复合材料或叠层材料而优化的槽型。

CX1 和 CX2 是多晶金刚石钻头,在加工复合材料时,相比传统钻头,可提供更高的生产率及更长的刀具寿命。CX1 和 CX2 PCD 钻头使用 PCD 钻尖,是目前市场上最锋利的刃口。得益于多晶金刚石涂层,这些钻尖比金刚石涂层钻头锋利得多。因此,完全的 PCD 钻尖提供较高的切削速度、较长的刀具寿命、低摩擦、出色的热导率、可多次修磨及较高的工艺可靠性。山高刀具提供修磨服务,帮助提高这些 PCD 钻头的经济性。

为了钻削普通复合材料,C1 和 CX1 应用了双角槽型来引导轴向力,从而在纯复合材料应用场合以及在出口为复合材料的应用场合中减少未切削纤维和分层。

C2 和 CX2 的平槽型钻尖用于加工复合了多层铝合金或钛合金的叠层复合材料。借助 180°的尖角钻,此槽型可以提供高效的断屑和排屑。这降低了钻头在金属层和复合材料层之间过渡时金属切屑损坏钻孔的风险,并保持了复合材料表面的完整性。

C1 和 C2 都是金刚石涂层钻头,非常坚韧、耐磨,确保较长的刀具寿命,可用于数控机床及手持式钻削。

2. 可换刀尖式钻头

山高刀具的可换刀尖式钻头采用槽型和涂层组合，不仅确保了高性能和高生产率，同时通过消除钻头的重磨或更换环节，最大限度地降低了成本。此外，它还能针对不同的工件材料和应用要求更换钻尖，因此减少了必须保留的刀具库存量。

Crownloc Plus 皇冠钻是新一代带可换式皇冠刀头的山高刀具钻头（图 3 – 20）。Crownloc Plus 皇冠钻采用全新的槽型、涂层及锁紧接口，能够在各种材料中提供更出色的排屑性能与耐磨性。

图 3 – 20　Crownloc Plus 皇冠钻

Crownloc Plus 皇冠钻采用结构强度较高的钻体设计、具有加深宽槽的高强度锁紧接口和抛光钻体。钻头的皇冠刀头采用经过优化的新槽型，有助于改善切屑形成和增强定心能力。TiAlN 涂层、可更换刀头上的低摩擦 TiN 涂层以及 10% 的超细晶粒基体，共同提升了该槽型的韧性和耐磨性，并降低了刃口积屑的可能性。

作为一般应用的首选，P 槽型是一款强大的通用解决方案，可在众多不同材料的加工应用中提供可靠的性能。M 槽型采用轻快切削钻尖来最大限度地减少热量的产生，可在高温合金、钛、钛合金和不锈钢加工应用中提供卓越的性能。

Crownloc Plus 皇冠钻可提供高生产率、出色的排屑性能、高度的灵活性以及一流的易搬运性。这可以提升产量、提高工艺安全性、减少刀具库存并消除刀具重磨成本。

3. GL 刀头和 Steadyline® 刀杆

1）GL 刀头

2019 年 4 月，山高刀具 Steadyline® 车杆和镗杆系列新增两款全新的 GL25 螺纹刀头，可避免在最后的深孔加工阶段报废大型昂贵工件，扩大了深孔解决方案范围。这些新增螺纹刀头扩展了 GL 刀头和 Steadyline® 刀杆系列产品（图 3 – 21），可提高加工精度、改善高质量的表面光洁度、减少与刀片转位和刀头更换相关的停机时间。Steadyline® 车杆使用业内最有效的减振系统，可在小径孔和大径孔上轻松进行深度高达 10 倍直径的车削和镗削加工。

图 3 – 21　GL 刀头和 Steadyline® 刀杆

对直径小至 30 mm 的深孔进行内孔加工时，全新紧凑型 GL25 刀头可为深度高达 10 倍直径的加工提供稳定性，Steadyline® ϕ25 mm（1"）刀杆提供 GL25 接口的高重复精度，确保车间利用系统的延伸/悬伸能力和高效抗振技术。GL 接口的壁厚经过优化，可实现 5 μm 以内的对中精度和探测可重复性，适合多种应用场景，刀具更换也更快、更轻松。

2）Steadyline 抗振刀杆

抗振镗刀杆是一种抑制振荡的有效的减振装置，其结构为在镗刀杆前端的中空圆筒内装入几块被缓冲压缩弹簧控制的原板。为了获得大的惯量，原板使用比重大的材料制造。这种刀杆应用了黏性摩擦、原板不规则冲击等所产生的衰减力。

Steadyline 是一种包含抗振刀杆的模块化抗振夹持系统，它提供了带有精确、可靠接口的易换式刀杆头（图 3 - 22）。为了提高适用性，刀杆既可用于实现无故障的深孔内孔车削，也可用于选择镗削的场合。

图 3 - 22　Steadyline 抗振刀杆

3.2　德国深孔加工技术

3.2.1　Botek 深孔加工

Botek 是一家全球切削工具运营公司，在法国、匈牙利和印度设有生产基地。近 50 年来，该公司一直专注于开发和生产直径 0.5～1 500 mm 的深孔钻具、铣刀和铰刀，以及提供相关服务。

1. BTA 钻孔工艺

BTA 钻孔工艺是一种用于特殊深孔钻床的工艺，是由外部供应冷却润滑剂和内部去除切屑（单管工艺）实现的，需要钻孔供油装置和工件上的密封件来提供冷却润滑剂。使用这种方法可以实现超过 $250 \times D$ 的钻孔深度（图 3 - 23）。BTA 系统工具的直径范围从 7.76 mm 到大约 1 000 mm。从 16 mm 开始，主要使用带有可更换刀片和导向块的工具。

2. BTA 钻孔刀具

1）焊接型全钻孔工具

（1）Type 14：钻孔范围 ϕ15.60～ϕ65.00 mm，如图 3 - 24 所示。

特点：

①拥有高切削性能，易于操作。

②是一种具有高稳定性的工具。

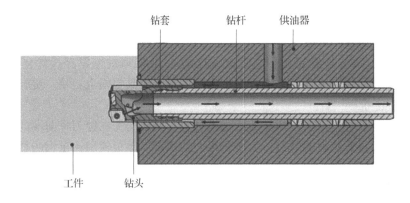

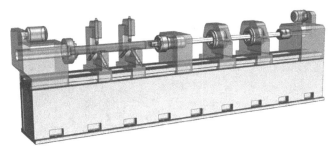

图 3 - 23 BTA 钻孔技术示意图

图 3 - 24 Type 14 刀具

③适用于极其严格的公差，加工精度很高。

④小批量生产的投资成本低，节省成本。

（2）Type 18/20。

Type 18：钻孔范围 $\phi 12.21 \sim \phi 15.50$ mm，如图 3 - 25（a）所示。

Type 20：钻孔范围 $\phi 14.51 \sim \phi 36.99$ mm，如图 3 - 25（b）所示。

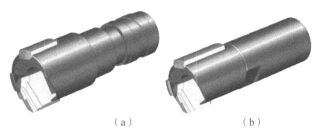

（a）   （b）

图 3 - 25 Type 18 刀具和 Type 20 刀具

（a）Type 18 刀具；（b）Type 20 刀具

特点：

①易于操作。

②工具通过打磨重复使用。

③适用于极其严格的公差。

④小批量生产的投资成本低。

2）带可更换刀片和导向条的全套钻具

（1）Type 11/61。

Type 11：钻孔范围 ϕ14.55~ϕ17.95 mm，如图 3 - 26（a）所示。

Type 61：钻孔范围 ϕ15.65~ϕ17.95 mm，如图 3 - 26（b）所示。

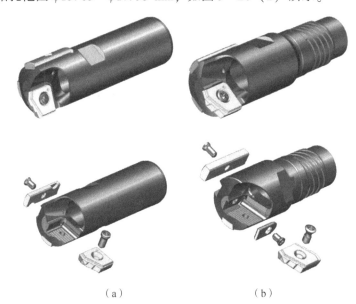

（a）　　　　　　　　　　　　（b）

图 3 - 26　Type 11 刀具和 Type 61 刀具

（a）Type 11 刀具；（b）Type 61 刀具

特点：

①具有非常高的经济效率与极佳的加工性能。

②可更换不同的刀片。

③更换易损件时无调整工作，在误差 ±0.01 mm 范围内无须重新调整。

④刀具调整范围达 0.5 mm，配有匹配的更换零件。

（2）Type 12/64。

Type 12：钻孔范围 ϕ28.50~ϕ74.99 mm，如图 3 - 27（a）所示。

Type 64：钻孔范围 ϕ28.71~ϕ74.99 mm，如图 3 - 27（b）所示。

特点：

新型切屑导向条，可实现大进给速度和高生产率。

（3）Type 70 A/B。

Type 70 A：钻孔范围 ϕ25.00~ϕ65.00 mm，如图 3 - 28（a）所示。

Type 70 B：钻孔范围 ϕ25.00~ϕ65.00 mm，如图 3 - 28（b）所示。

（a） （b）

图 3 - 27　Type 12 刀具和 Type 64 刀具

（a）Type 12 刀具；（b）Type 64 刀具

（a） （b）

图 3 - 28　Type 70 A 刀具和 Type 70 B 刀具

（a）Type 70 A 刀具；（b）Type 70 B 刀具

特点：

①整个钻孔范围内的磨损部件很少。

②新型切屑导向台，可实现大进给速度和高生产率。

③更换刀片后，无须调整。

④可替换易损件。

⑤新设计的模具可实现最佳冷却液流量。

⑥外部切割区域的强度较高。

⑦最大限度地保护导轨免受加固嵌入造成的损坏。

⑧钻头耐磨度较好。

（4）Type 43 A/B。

Type 43 A：钻孔范围 $\phi60.00 \sim \phi149.99$ mm，如图 3 - 29（a）所示。

Type 43 B：钻孔范围 $\phi60.00 \sim \phi149.99$ mm，如图 3 - 29（b）所示。

（a） （b）

图 3 - 29　Type 43 A 刀具和 Type 43 B 刀具

（a）Type 43 A 刀具；（b）Type 43 B 刀具

特点：

①可在机器上更换易损件。

②刀具调整范围取决于刀具直径，可更换零件尺寸达 5 mm。

③新的切削几何结构可实现高切削性能。

3）宽调整范围的钻具

Type 35 A/B：该型号的钻具分为 A/B 两种型号，其钻孔范围为 ϕ61.00~ϕ498.99 mm。

Type 35 A：外螺纹 4 道，钻孔范围 ϕ61.00~ϕ223.99 mm，如图 3 – 30（a）所示。

Type 35 B：内螺纹 1 道，钻孔范围 ϕ61.00~ϕ498.99 mm，如图 3 – 30（b）所示。

（a）   （b）

图 3 – 30   Type 35 A 刀具和 Type 35 B 刀具

（a）Type 35 A 刀具；（b）Type 35 B 刀具

特点：

（1）降低了整个钻孔范围的工具要求。

（2）易于更换直径的调节系统。

（3）特有的调节系统，从 ϕ149.00 mm 开始，通过中央调节环进行调节。

4）带可更换刀片和导向条的拉拔镗刀

Type 38/58，钻孔范围 ϕ20.00~ϕ222.99 mm，如图 3 – 31 所示。

（a）   （b）

图 3 – 31   Type 38 刀具和 Type 58 刀具

（a）Type 38 刀具；（b）Type 58 刀具

特点：

（1）可获得较好的直线度。

（2）孔公差范围 IT7（IT6）圆度/直径。

5）带可更换刀片和导向条的套料钻具

Type 28/48。

Type 28：钻孔范围 ϕ55.00~ϕ363.99 mm，如图 3 – 32（a）所示。

Type 48：钻孔范围 ϕ55.00~ϕ197.99 mm，如图 3 – 32（b）所示。

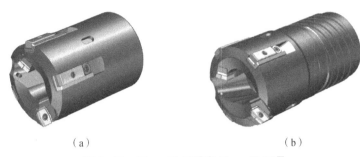

图 3 – 32　**Type 28 刀具和 Type 48 刀具**

(a) Type 28 刀具；(b) Type 48 刀具

特点：

(1) 更换易损件时，无须调整工作。

(2) 内芯可以用于新工件。

(3) 对于驱动功率太小的机器也同样适用。

6) 芯棒钻削工具

Type 29/49：可钻削最大直径为 60.00 mm 的芯棒，如图 3 – 33 所示。

图 3 – 33　**Type 29 刀具和 Type 49 刀具**

(a) Type 29 刀具；(b) Type 49 刀具

应用范围：频繁应用于汽轮机轴和动力工程盲孔，材料测试和拉伸样品需要芯棒时，也可使用此类刀具，如图 3 – 34 所示。

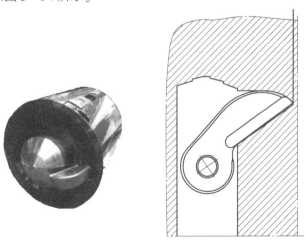

图 3 – 34　芯棒切割示意图

3. BTA 钻孔刀具配件

1）螺纹磨损件

这里介绍 Type 29 –510 与 Type 49 –510 两种型号（图 3 –35），前者为 1 螺纹，后者为 4 螺纹。磨损件插入钻杆，而不是通过标准连接螺纹。它们具有更好的抗磨损性能，尤其是在频繁更换工具的情况下。它们也用于修复损坏的螺纹，钻杆可以在现场维修，长度相同。

　　　　　　（a）　　　　　　　　　　　　　　（b）

图 3 –35　Type 29 –510 和 Type 49 –510

（a）Type 29 –510；（b）Type 49 –510

2）螺纹适配器

螺纹适配器是用于连接不同螺纹和钻杆的工具或用来减少钻杆的数量，但当钻杆数量大幅减少时，需要考虑扭矩带来的影响。

在图 3 –36 中，图（a）为 Type 29 –520，用来连接工具和钻杆的螺纹数量为 1 螺纹/4 螺纹，图（b）为 Type 49 –530，它可以连接 4 螺纹/4 螺纹的工具与钻杆。除了图 3 –36 所示，还有 Type 29 –530，适用于 1 螺纹/1 螺纹的工具与钻杆的连接，以及 Type 49 –520，适用于 1 螺纹/1 螺纹的工具与钻杆的连接。

　　　　　　（a）　　　　　　　　　　　　　　（b）

图 3 –36　不同型号的螺纹适配器

（a）Type 29 –520；（b）Type 49 –530

3）减振器

减振器既有支撑钻杆的作用，又有减少钻孔过程中产生径向和扭转振动的作用（图 3 –37）。减小振动幅度可提高孔表面的质量并减少切削刃磨损。

图 3 –37　减振器

Botek 减振器是纯机械减振器，可用于旋转和非旋转工况，弹簧以恒定的力将阻尼锥压入反轴承中，以补偿穿过钻杆的微小直径差。其也可用于封闭式机器或钻孔过程中无法接近的机器。如果减振器设置正确，则无须在钻孔过程中进行调整。由于拉力低且进给速度小，因此通过加压反向轴承很好地减小了振动。弹簧组件可完全预加载用于此应用。

4）切屑管

切屑管能提升长钻杆和大直径钻杆加工效果。冷却剂的流速通常不足以安全地从工艺中去除切屑，这些切屑通常留在钻头后面的钻杆中。通过使用切屑管，流速可以增大到安全冲洗切屑的程度。对于直径 162 mm 的 Botek 钻孔工具，基本上可以在工具中使用切屑管连接件，如图 3 - 38 所示。

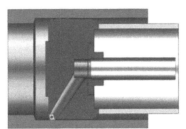

图 3 - 38　切屑管

3.2.2　Walter 深孔加工

Walter 和 Walter Titex 使加工所有常用材料的孔更为高效。标准钻头产品直径 0.05 ~ 100 mm，根据自身需求在可转位刀片式和钻尖式之间选择，也可以在整体硬质合金麻花钻和高速钢麻花钻之间选择。利用 Xtra. tec ® 系列钻头，Walter 帮助我们实现生产效率的飞跃。Xtra. tec ® Insert Drill 带有两片四刃刀片，是在斜面或球面上点钻和钻孔的最佳利器。Xtra. tec ® Point Drill 在 ISO 标准 P、M、K、N 和 S 材料组上的钻深可达直径的 10 倍之多，实现最大切削参数。在钢材、铸铁材料、不锈钢及难切削材料的孔加工中，Walter Titex 的整体硬质合金钻头可以作为精确、功效强大和极富经济性的代名词。Walter Titex 运用独特的设计，引领行业标准。

1. Walter Titex DC170——钻孔

Walter Titex DC170 独特的设计引领高效整体硬质合金内冷钻头的行业标准，适用于 ISO 工件材料组 P、K。与传统硬质合金钻头相比，其使用寿命延长 50%，生产效率提高 35%（其他结构尺寸：3 × Dc ~ 30 × Dc）。钻头在圆周上连续自我导向，提高工件加工质量，经过抛光处理的切屑槽确保了切屑可靠排出，锋利的切削刃带来极高的工艺可靠性，360°冷却确保刀具的冷却性能，降低了生产成本，如图 3 - 39 所示。

图 3 - 39　DC170 钻结构

2. Walter Titex DC150——使用灵活，抗磨损能力高

Walter Titex DC150 整体硬质合金钻头，可适配 ISO 工件材料组 P、M、K、N、S、H、O 有无内冷各种刀杆类型，适用于钻孔加工中的所有常用刀柄，如斜侧固刀柄、液压刀柄、弹簧刀柄、热胀刀柄、强力刀柄，可以经济地运用在小批量和中等批量的加工中，如图 3 - 40 所示。

图 3 - 40　DC150 结构

3. 整体硬质合金微型钻头 DB131 和 DB133 Supreme

其以极小尺寸实现极高工艺可靠性，为确保稳定性，优化了结构尺寸引导钻，具有合适的直径公差和 150° 钻尖角，通过钻头上匹配的切削刃，实现高质量的工件表面质量，如图 3 - 41 所示。

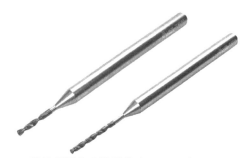

图 3 - 41　整体硬质合金微型钻头 DB131 和 DB133 Supreme

4. 可转位刀片钻头 D3120——带有四个切削刃，加工性能强大

其优化的冷却液通道和抛光排屑槽使排屑工艺可靠性极高，通过淬火和抛光表面提供很高的抗磨损性能，通过螺栓实现可靠的可转位刀片夹紧，在所有工况条件下稳定性高，如图 3 - 42 所示。

图 3 - 42　可转位刀片钻头 D3120

5. 可转位刀片钻头 D4140——在所有工作条件下极其稳定

其通过直接布置在切削刃上的冷却液出口保证极高工艺可靠性和刀具寿命；通过抛光排

屑槽更可靠地排屑；通过淬火和抛光表面保证最佳的防摩擦性能与更长的刀具寿命；通过颜色选择法轻松选择可转位刀片，如图 3－43 所示。

图 3－43　可转位刀片钻头 D4140

6. Walter Xtra·tec ⓇD4580

此刀具有经济地将钻孔和倒角合二为一的优势：在一道工序中组合进行钻孔和倒角，减少了加工时间，取代许多不同的非标刀具，刀具成本更低、更换次数减少，使机床利用率更高，可以根据要求使用相应的整体硬质合金钻头，如图 3－44 所示。

图 3－44　Xtra·tec Ⓡ D4580

7. DC118 Supreme

整体硬质合金钻头 DC118 Supreme（图 3－45）可在倾斜、圆弧和粗糙的表面上进行工艺可靠的锪平钻削，利用坚韧的刀尖倒角，实现较长的刀具寿命并降低生产成本，尤其适合深孔加工的预钻（如曲轴），适用于所有材料。

图 3－45　DC118 Supreme

8. XD Ⓡ钻孔技术

Walter Titex XD Ⓡ钻孔技术：可以在高精度条件下一次达到 70 × Dc 的钻深；内冷式整体硬质合金高效钻头带有 TFL 和 XPP 涂层，适用于钻深孔。它是通用机械制造业、模具行业和液压和汽车行业的理想刀具。与单刃枪钻相比，其生产效率提高达 10 倍，钻孔时无须退刀，钻深较大时，确保最高工艺可靠性，如图 3 – 46 所示。

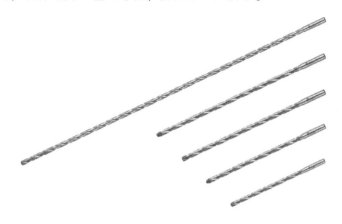

图 3 – 46   XD Ⓡ钻孔技术

3.2.3   TBT 深孔加工

TBT 公司创立于 1966 年，隶属于跨国公司 Nagel。Nagel 已发展成为生产超精珩设备、精珩设备、深孔钻设备等的专业公司。其主要面向汽车动力总成制造业、汽车零部件制造业、压缩机行业液压件制造业、大孔珩磨、特殊用途零件的珩磨等，还可以提供机床改造、工件试加工、加工工艺开发等服务，如图 3 –47 所示。

图 3 –47   TBT 机床

1. 刀具介绍

1）单刃钻头

单刃钻头直径在 0.7 ~50 mm。单刃钻具有不同的结构形式，可以分为焊接式钻头设计、硬质合金设计和采用最新技术的高速单刃枪钻设计，如图 3 –48 所示。

2）带可转位刀片的单刃钻头

此种刀具专为加工中心和深孔钻机的高切屑量而设计，如图 3 –49 所示。

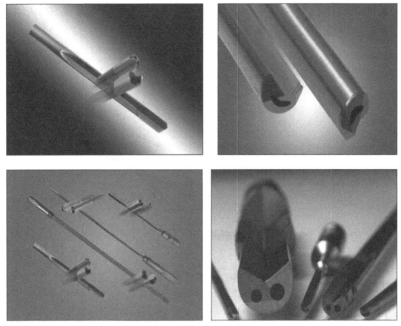

图 3 – 48 单刃钻头图

图 3 – 49 带可转位刀片的单刃钻头图

其主要特点有：可以通过专门开发的切削刃，实现最佳的成屑效率，且可以通过快速更换夹持刀具上的磨损件，缩短停机时间，减少能耗且提高生产效率。因为不需要重新研磨，而且更容易清点易损件，加之全涂层和边缘处理，刀具寿命长。刀具在机器上的夹持与传统的带钎焊硬质合金刀头的深孔钻具相同，因此无须替换专门的夹持元件。

3）双刃钻头

双刃钻头的直径在 5.5~25 mm 之间，与单刃钻头对比，双刃钻头的独特之处在于加工短屑材料时可以实现更高的进给速度，如图 3 – 50 所示。

2. 钻削方法

1）单刃钻孔法

在直径为 0.7~40 mm 的范围内使用单刃钻（ELB）孔法。冷却润滑液（KSS）的供给是在工具内部。KSS 和切屑的混合物通过工具外轴上的一个纵向凹槽排出，如图 3 – 51 所示。

刀具设计：用于夹紧刀具的钢套筒、钢管、带切削刃的硬质合金刀头。

2）BTA 系统

BTA 系统：指定用于深孔钻进，冷却润滑液由外部进给，最大钻孔直径约为 400 mm。这个系统也被指定为 STS 钻孔（单管系统），如图 3 – 52 所示。

图 3 - 50　双刃钻头

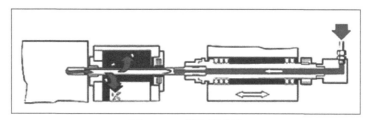

图 3 - 51　单刃钻孔法

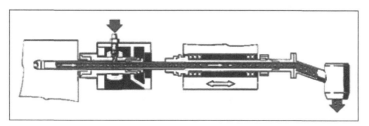

图 3 - 52　BTA 系统

冷却润滑液的供给来自孔壁和镗管之间的外部，切屑通过镗管的内部排出。

3）喷射式深孔钻

喷射式深孔钻适用于直径 18~250 mm 的范围。冷却润滑液在镗孔管和内管之间（双管系统），冷却润滑液在镗头侧面出现，冲洗干净后与切屑一起通过内管流回，如图 3 - 53 所示。

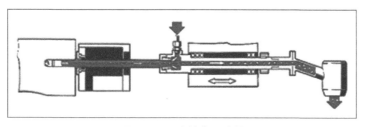

图 3 - 53　喷射式深孔钻

3．机床介绍

1）卧式机床——ML-机床

TBT 深孔钻床具有较高的精密性和较好的耐用性。这种 ML-机床几乎可以覆盖所有的加工范围，进行从直径小于 1 mm 的小孔到极其大的孔的加工。

所有的 ML-机床都是标准的机型，可以满足用户对工件采用自动上下料的要求。除了枪钻和 BTA 深孔钻削之外，ML-机床既适用于高速单刃枪钻或麻花钻加工，也能在深孔钻削工序中实现微量润滑，如图 3-54 所示。

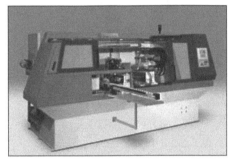

图 3-54　卧式机床

2）B-机床

该系列机床的床身浇注了钢筋混凝土的钢结构，能够提供最高的刚性和吸振性，性能超越了所有铸铁设计。其倾斜式床身设计对于操作者接近工件和切削油的回落都是一种优化，能够很好地保护操作者，大大提高了产品的安全系数，如图 3-58 所示。

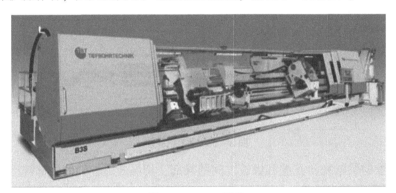

图 3-55　B-机床

B-机床参数如表 3-1 所示。

表 3-1　B-机床参数

B-机床	B3S	B4S	BX
主轴数量	1	1	1
钻削直径 max. /mm	200~400	250~500	< 1 000
钻削方法	STS/BTA	STS/BTA	STS/BTA

3）BW220 - 机床

BW220 - 机床可以完成全自动化的深孔钻、铣削、攻丝等各种工作。这种机床的主要特点是结构紧凑，能够节省空间，操作界面简单，容易上手，而且铣削和钻孔的主轴是分开布置的，如图 3 - 56 所示。

图 3 - 56　BW220 - 机床

4）BW250 - 机床

BW250 - 机床所应用的范围为工具和模具工业、压力缸、印刷缸、热通道板、通用立方体零件等。

BW250 - 机床可以实现全自动的深孔钻、铣及攻丝等操作。该系列机床提供了刀具更换系统来提高生产效率。通用的刀具和较长的深孔钻刀具可以在没有人工干预的情况下自动更换，如图 3 - 57 所示。

图 3 - 57　BW250 - 机床

3.3　美国深孔加工技术

3.3.1　Kennametal 深孔加工

肯纳金属公司（Kennametal Inc.）创建于 1938 年。当时，美国冶金学家菲利普·M. 麦克肯纳（Philip M. McKenna）经过多年的潜心研究，发明了一种碳化钨 - 钛合金（tungsten - titanium carbide alloy）刀具新材料，可使切削钢材的加工效率突破性提高。以这项发明为基础，麦克肯纳在宾夕法尼亚州的拉特罗比（Latrobe）创立了麦克肯纳金属公司（McKenna Metals Company，后更名为肯纳金属公司）。

如今，肯纳金属公司已发展成为在切削刀具、工具系统、新型材料、技术服务等领域具有世界领先水平的大型跨国集团公司。公司生产的金属切削刀具产品所占市场份额在北美地区名列第一，在欧洲和世界范围内名列第二（仅次于 Sandvik 公司），采矿业、公路建筑业用工具产品所占市场份额名列世界首位。

1. Y – Tech™钻头

Y – Tech™钻头是一种根据加工材料/应用类型而设计的整体硬质合金钻头（图 3 – 58），适合不锈钢、高温合金，以及难加工材料的钻孔应用。

Y – Tech™非对称排屑槽可形成不平衡的切削力，避免刃带崩刃，三刃带设计可将切削力直接传递至第三刃带，减少钟摆效应，从而确保出色的孔加工精度（圆柱度、等径度，以及孔垂直度），还可用于钢材料加工。

所采用的 KCMS15 材质是一种单层 PVD AlTiN 涂层细晶粒硬质合金，具有出色的表面光洁度，是不锈钢、耐高温材料的首选。该涂层具有高硬度和出色的耐磨性，以及极强的耐高温性能，增强了其对钢材加工的适用性。

2. 平底钻头

平底钻头，内冷性能较之其他钻头更为优异（图 3 – 59），是针对应用类型设计的整体硬质合金钻，一次进刀即可完成两个操作，特点如下：

（1）避免了在平底孔加工中使用180°立铣刀，或在斜面和曲面钻孔中的准备工作。

（2）在完全啮合后，即可按照硬质合金钻的切削参数进行加工。独特的 FB 钻尖设计，中心部位以上有两个有效切削刃，可进行高进给加工。

平底钻特点：

（1）在从外圆向中心加工时，可加工一个真正的平底孔。

（2）四刃带设计可以确保满意的孔垂直度、孔圆度，以及孔对直度，即使在交叉孔加工中，也是如此。

（3）三种材质 – 槽型组合，可用于常见材料的加工。

图 3 – 58　Y – Tech™钻头　　　　　　　　　　　图 3 – 59　平底钻头

3. HP 整体硬质合金深孔钻头

HP 整体硬质合金深孔钻头特点：

（1）HP Beyond 四刃带长型钻头，带内冷。

（2）根据应用类型设计的整体硬质合金钻，用于深孔加工，在钢、铸铁，以及不锈钢材料加工中，无须定心操作。

（3）12 ~ D 长型钻头，填补了 8 ~ D（B256 – SE）和 15 ~ D（B271 – HP）钻头之间的空缺。

（4）标准 A 型钻杆，符合 DIN 6535 HA 标准（圆柱柄，2 mm 阶梯）。

（5）KCPK15™ Beyond 是一种采用 TiAlN 基体材料的复合涂层材质，具有很好的热硬性。

（6）极高的表面精度，确保出色的切屑排出性能，即使在低压冷却或微量润滑情况下，也是如此，如图 3 - 60 所示。

图 3 - 60　HP 整体硬质合金深孔钻头

4. GO 钻头

GO 钻头特点：

（1）通用加工整体合金钻，用于多种材料工件的加工。

（2）无刃带设计可以减少摩擦和热量，因此可延长刀具寿命。

（3）优化的微型钻断屑槽设计，确保切屑从钻头中心部位顺利排出。

（4）连续直型切削刃口没有磨耗初始点，确保切削力的平均分布，延长刀具寿命，适用于各种材料加工，减少切削刃崩刃现象。

（5）KC7325™材质有两层涂层，可用于多种加工应用，TiN 表面涂层可作为磨耗指示，可以在很难识别磨耗情况的小径钻头上方便地识别磨耗情况，如图 3 - 61 所示。

图 3 - 61　GO 钻头

5. 阶梯钻

阶梯钻特点：

（1）HP Beyond 阶梯钻，具备内冷性能，适合钢铁材料加工。

（2）针对应用类型设计的阶梯钻，在传统钢铁材料攻丝应用中只需一次进刀即可完成操作，缩短加工周期，提高加工效率。

（3）一次进刀即可完成钻孔和倒角加工。

（4）HP 钻尖产品通过渐进性前角设计确保高进给加工性能。

（5）KCPK15™ Beyond 是一种采用 TiAlN 基体材料的复合涂层材质，具有很好的热硬性，可采用高速切削参数，即使在微量润滑加工中，也是如此。

（6）极高的表面精度，确保出色的切屑排出性能，如图 3 - 62 所示。

图 3 - 62　阶梯钻

3.3.2 UNISIG 深孔加工

UNISIG 是最大的深孔钻床生产商之一，也是技术、创新、支持和服务的领导者，该公司提供完整的深孔钻削系统机床、工具和自动化，以及技术专业知识、培训、远程和现场服务。

该公司的产品涵盖全系列深孔钻削应用。标准型号可在工件上钻直径小于 1 mm 的孔。另外，该公司制造的机床可以在大型高强度锻件中钻出直径为 500 mm 的孔。

1. UNE6 医疗制造用钻孔机

UNE6 医疗制造用钻孔机的设计使医疗生产商能够在机床车削后准确、高效地钻取部件。生产医疗部件（如骨科工具）的公司可以改变其制造方法，减小对插管材料的依赖，并通过 UNISIG 扩展自己的能力。

UNE6 医疗制造用钻孔机专为应对医疗生产商面临的挑战而设计。机床能够打孔 0.8 ~ 6.0 mm，即使在高精密的医用级材料中，也是如此。自动化和两个独立的主轴配置使生产商能够找到完全满足其需求的解决方案，如图 3 – 63 所示。

图 3 – 63　UNE6 医疗制造用钻孔机

2. B 系列 BTA 机床

B 系列 BTA 机床可处理一系列的中心 BTA 钻孔，能快速地构建和直观地操作。这些机床是全深孔钻孔系统的一部分，几乎所有行业的生产商都能利用该强大的技术提高生产率，如图 3 – 64 所示。

图 3 – 64　B 系列 BTA 机床

该系列使用 BTA 钻在工件上生产中心线孔，即使在恶劣的环境中，也符合高公差标准。通过智能控制，操作员能够快速、准确地设置和运行程序，或突破 BTA 深孔钻探的极限。

3. USK 系列数控机床

在 USK 系列数控机床上钻孔，精度很重要。通过 X – Y 工作台定位，生产商即使在深孔加工中，也能实现精确的孔定位精度和公差。USK 系列数控机床在刚性一体式结构机械上使用经过验证的钻孔技术，在加工中具有高精度和可靠性，如图 3 – 65 所示。

图 3 – 65　USK 系列数控机床

USK 系列数控机床能够对高深径比的孔进行钻孔和 BTA 钻孔，并且可以配置一系列选项以支持特定需求和应用。USK 系列借鉴了 UNISIG 深孔钻床系列中经过验证的钻孔技术，具有市场上较高的精度。

4. USC – M 系列机床

USC – M 系列机床能够实现高速深孔钻削和铣削，具有 5 轴定位，可在单台机床和设置中执行一系列复杂的加工，从而最大限度地提高产量，如图 3 – 66 所示。

图 3 – 66　USC – M 系列机床

USC - M 系列机床提供了全方位的解决方案，包括重型工作台容量、旋转 A 轴、自动换刀装置以及每台机床上的直观控制。其型号提供多种选项，配有工程通用或专用主轴。

USC - M 系列机床有三种基本配置，可满足多场景下的各种需求。

通用喷枪钻孔 + 铣削组合主轴，可快速转换，可在单台机床上进行一系列操作。

5. USC 大容量 BTA 机床

带有深孔的大型立方体工件在 USC 立柱式机床上可以放心地进行处理，该机床旨在实现极高的刚度和精度。此类机床结合了卓越的机床对中、刚性结构和精选组件，以较低的成本提供较强的功能。

多种铣削主轴规格为标准 BTA 和枪钻工艺增加了额外的加工选择，适用于重达 27 吨的工件。USC 大容量 BTA 机床旨在成为生产商的主力机床，通过简单的安装提供显著的深孔钻削能力，如图 3 - 67 所示。

图 3 -67　USC 大容量 BTA 机床

3.4　英国深孔加工简介

3.4.1　Mollart 深孔加工

Mollart 工程公司是一家精密机械工程企业，在开创性开发和制造深孔钻床、工具（包括枪钻、深孔钻孔和钻孔精加工）方面享有国际声誉。

作为分包机械商和制造商，它还拥有高水平的专业知识，为深孔加工和一般加工增加价值。

Mollart 自 1929 年成立以来积累了许多专业知识，涵盖广泛的行业领域，包括：航空航天和国防，汽车，石油和天然气，模具，医疗，半导体等。

1. 枪钻系列

Mollart 工程公司可以为深孔钻床、数控车床、车铣中心、CNC 多轴加工中心、滑台机床和专用机床提供特定应用的工具。枪钻系统主要应用于汽车、医疗、石油与天然气、建设、航空航天、颗粒食品模具等领域，如图 3 - 68 所示。

图 3 - 68　枪钻系统

2. 微钻孔

Mollart 工程公司开发了紧凑型立式枪钻机（VDM），用于生产从 ϕ0.5 mm 到 6 mm 和深达 300 mm 的孔。工艺可以包括工具监控、专业过滤、分度模式钻孔和具有自动装载选项的多组分夹具。

微钻孔机床可作为 1、2 或 4 轴卧式枪钻机，用于直径 0.5 mm 至 6.0 mm 至 300 mm 的孔，可应用于燃油喷射、光学、医疗、焊接喷嘴、气动和液压、阀门和连接器以及仪表等领域，如图 3 - 69 所示。

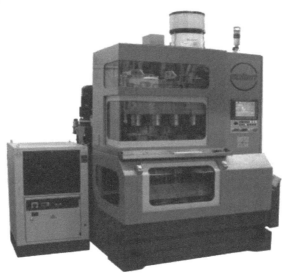

图 3 - 69　微钻孔机床

3. 钻孔机

Mollart 钻孔机能够从基体材料中加工出直径 60 ~ 300 mm、深 1 200 mm 的孔。

其钻孔工艺可实现废料回收，从而大大节省了昂贵的材料。该机器还允许将 U 形钻头和铁锹钻头用于固体钻头，如图 3 - 70 所示。

- ϕ60~ϕ300 mm
- 孔深可达1 200 mm
- 薄壁切割机
- 还允许"U"钻孔和铲式钻孔

图 3 – 70　钻孔机

3.4.2　Hammond 深孔加工

英国哈镘公司（Hammond）成立于 1939 年，位于英国伦敦北郊。哈镘公司是来自欧洲的深孔钻专家，具有领先的深孔钻技术，在业界享有盛誉。

哈镘公司自 1985 年开始向中国推广深孔加工技术，至今已有 40 年，哈镘公司自成立后，已生产各种深孔钻专用机床，加工产品达 18 类，如凸轮轴、齿轮轴、输入轴、平衡轴、齿条、油泵油嘴、传动轴、顶杆、油管、枪管、电机轴、销子、石油工具、钛合金人工骨、模具、柴油机缸体、压力容器管板、人造小太阳 L 板等，同时哈镘公司的深孔钻系统为用户成功改造了近 3 000 多台机床，解决了许多大型工件和复杂工件的深孔加工问题。

1. 刀具介绍

1）铰刀和特殊钻头

单刃铰刀和多刃铰刀可重磨，拥有极好的孔直线度、表面粗糙度，同时支持定制。其主要应用于汽车、液压、航天和航海工业的阀导孔及铰孔等，具有很广的适用范围，能够加工的孔径范围为 ϕ5.0 ~ ϕ20.0 mm，如图 3 – 71 所示。

图 3 – 71　铰刀

2）快速钻

快速钻是一种双刃、镶焊有硬质合金的内冷式钻头。硬质合金刀头可以多次重磨，钻杆是由铬钼合金经过热处理制作成的。最大钻孔长度为 500 mm，其长度取决于应用方式。快速钻尤其适用于硬度不高的材料，如铸铁、低碳钢、铝、铸铜等（图 3 – 72）。使用 SS – 46 重磨夹具重磨快速钻角度。

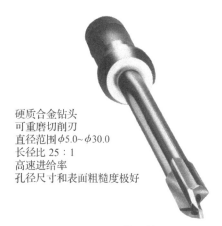

硬质合金钻头
可重磨切削刃
直径范围 $\phi 5.0 \sim \phi 30.0$
长径比 25：1
高速进给率
孔径尺寸和表面粗糙度极好

图 3 – 72　快速钻

3）枪钻

该种钻头均由高品质的铬钼合金制作而成，具有极高的硬度，能够做到最大限度地冷却孔，保证冷却液畅通，不至于轻易堵塞冷却孔，同时也保证了排屑顺畅及较高的扭转强度。枪钻模型如图 3 – 73 所示。

图 3 – 73　枪钻模型

2. 机床介绍

1）WDF 系列深孔钻机床

A 型固定工作台，适合加工轴类工件；

B 型横向移动工作台，适合加工板类工件排孔；

C 型升降工作台，适合加工结构件坐标孔系。

WDF 系列深孔钻机床，是哈镘公司开发的柔性组合深孔钻机床系列，采用组合式、模块化设计，可根据客户的不同需要灵活组合成单坐标、二坐标或三坐标深孔钻机床，从而满足不同工件的加工要求，如图 3 – 74 所示。

图 3 – 74　WDF 系列深孔钻机床

2）WHD 系列数控深孔钻床

WHD 系列数控深孔钻床采用固定工作台，可以单主轴、双主轴、三主轴、四主轴配置，如图 3 – 75 所示。

图 3 – 75 WHD 系列数控深孔钻床

WHD 系列数控深孔钻床特点：

（1）导向套前端可选配自动定心卡盘，便于轴类零件加工。

（2）机床可配置工件反转装置，可以提高深孔钻削质量。

（3）固定工作台上可安装液压夹具，实现快速装夹，满足大批量生产的需要。

3）WDS/BG 1200 – CNC 管板加工机

WDS/BG 1200 – CNC 管板加工机是加工压力容器管板孔的专用机床（图 3 – 76），加工小直径孔采用枪钻法，加工大直径孔采用 BTA 法。其进行数字控制和采用宏程序，是加工管板孔高效率、高质量的深孔钻床。管板工件直径为 2 500 mm，最大钻孔深度为 1 200 mm。

图 3 – 76 WDS/BG 1200 – CNC 管板加工机

第 4 章

刀具系统液力自纠偏设计

在深孔加工过程中，零件材质的不均匀、工艺系统刚度的变化、刀具磨损等因素都可导致刀具及深孔轴线的偏斜，本章论述借助切削液的作用力防止刀具及深孔轴线偏斜的技术方案。

4.1　基于锥形结构的刀具系统自纠偏

4.1.1　技术领域与背景

深孔加工是机械加工的难点，加工过程中难以观察加工部位和刀具状况，刀具系统刚度低，易发生偏斜，造成工件报废。因此，及时纠正偏斜，确保加工质量是需要解决的重大课题，也是还未解决的世界性技术难题。

深孔加工的主要方式有：①刀具旋转，工件进给；②工件旋转，刀具进给。深孔加工过程中，钻头按排屑方式主要分为内排屑深孔钻和外排屑深孔钻。相对而言，生产中最为常用的是工件旋转式内排屑卧式深孔机床。这种机床主要用于回转体零件上钻深孔（图 4 - 1）。工件 5 一端安装在主轴末端的卡盘 3 中，另一端装在工件中心架 4 上。纠偏钻杆 7 夹持在钻杆进给座 9 孔中。钻头的柄部有方牙螺纹与钻杆相连接。具有一定压力的切削液进入输油器，通过钻杆外部的环状空隙流向切削刃部，将切屑从钻杆的中间孔向后排出，直至积屑盘。切削液流经过滤网回到油箱中，经过若干层过滤网后，重新被供油泵抽出，反复使用。

特别值得一提的是，目前所用的内排屑深孔钻钻杆外部为圆柱体。

为解决深孔加工过程中刀具及深孔偏斜问题，提供一种技术方案：靠液体的力量，自动调整钻头、钻杆位置，实现深孔加工过程中的自动纠偏，提高钻头导向可靠性，保证零件成品率或加工精度。

4.1.2　技术原理

基于锥形结构的刀具用于克服深孔加工过程中钻杆偏心问题。纠偏钻杆与钻头固连，其内有轴向通孔，外部一端为圆锥体结构，另一端为圆柱体结构。圆柱体结构与刀杆密封件相配合。具有压力的切屑液流过纠偏钻杆的外表面。

图 4 - 2 中，纠偏钻杆圆锥体部分长度大，如果纠偏钻杆有偏心，具有压力的切削液产生较大的纠偏力，使发生偏心的纠偏钻杆自动回到正确的位置，该结构适用于所需纠偏力较大的场合。

图 4 - 3 中，纠偏钻杆圆锥体部分长度小，如果纠偏钻杆有偏心，高压切削液也能使发生偏斜的纠偏钻杆回到正确的位置，但纠偏力相对较小，该结构适用于所需纠偏力较小的场合。这种情况下，虽然纠偏力相对较小，但纠偏钻杆圆锥体部分长度小，加工纠偏钻杆比较容易。

如图 4 - 4、图 4 - 5 所示，阀芯带有顺锥，阀芯与阀孔轴线平行，并有偏心。虽然阀芯受到不平衡力的作用，但这种液压力使阀芯与阀孔间的偏心距减小，使径向不平衡力减到最小值，即可以使阀芯自动定心，达到平衡。

液压传动研究表明，液体流过阀芯与阀体间的缝隙时，在特定情况下，液体作用在阀芯上的径向力会使阀芯卡住，叫作液压卡紧。产生液压卡紧的主要原因是滑阀副几何形状误差和同心度变化引起径向不平衡液压力。以下从理论上阐述液压卡紧现象，解释了液压卡紧即可理解自动纠偏钻杆的原理。

当柱塞或柱塞孔、阀芯或阀体孔因加工误差带有一定锥度时，两相对运动零件之间的间隙为圆锥环形间隙，其大小沿轴线方向变化。图 4 - 4（a）阀芯大端处液体压力高，液体由大端流向小端，称为倒锥；图 4 - 4（b）阀芯小端处液体压力高，液体由小端流向大端，称为顺锥。阀芯存在锥度，不仅影响流经间隙的流量，而且影响缝隙中的压力分布。

设图 4 - 4、图 4 - 5 中孔的直径为 d，圆锥半角为 θ，阀芯以速度 u_0 向右移动，进出口处的缝隙尺寸和压力分别为 h_1、p_1 和 h_2、p_2。令 $\Delta p = p_1 - p_2$。设距左端面 x 处的缝隙为 h，压力为 p，则在微小单元 dx 处的流动，由于 dx 值很小而认为 dx 段内缝隙宽度不变。

对图 4 - 4（a）的流动情况，由于 $-\dfrac{\Delta p}{l} = \dfrac{dp}{dx}$，将其代入同心环形缝隙流量公式得

$$q = -\frac{\pi d h^3}{12\eta} \frac{dp}{dx} + \frac{u_0}{2}\pi d h \tag{4-1}$$

由于 $h = h_1 + x\tan\theta$，$dx = \dfrac{dh}{\tan\theta}$，代入式（4 - 1）并整理后得

$$dp = -\frac{12\eta q}{\pi d\tan\theta h^3}dh + \frac{6\eta u_0}{\tan\theta h^2}dh \tag{4-2}$$

对式（4 - 1）进行积分，并将 $\tan\theta = (h_2 - h_1)/l$ 代入得

$$\Delta p = p_1 - p_2 = \frac{6\eta l(h_1 + h_2)}{\pi d(h_1 h_2)^2}q - \frac{6\eta l}{h_1 h_2}u_0 \tag{4-3}$$

将式（4 - 3）移项可求出环形圆锥缝隙的流量公式为

$$q = \frac{\pi d(h_1 h_2)^2 \Delta p}{6\eta l(h_1 + h_2)} + \frac{u_0}{(h_1 + h_2)}\pi d h_1 h_2 \tag{4-4}$$

当阀芯没有运动时，$u_0 = 0$，流量公式为

$$q = \frac{\pi d(h_1 h_2)^2 \Delta p}{6\eta l(h_1 + h_2)} \tag{4-5}$$

环形圆锥缝隙中压力的分布可通过对式（4 - 2）积分，并将边界条件 $h = h_1$，$p = p_1$ 代入得

$$p = p_1 - \frac{6\eta q}{\pi d\tan\theta}\left(\frac{1}{h_1^2} - \frac{1}{h^2}\right) - \frac{6\eta u_0}{\tan\theta}\left(\frac{1}{h_1} - \frac{1}{h}\right) \tag{4-6}$$

将式 (4 – 5) 代入式 (4 – 6)，并将 $\tan\theta = (h - h_1) / x$ 代入得

$$p = p_1 - \frac{1 - \left(\dfrac{h_1}{h}\right)^2}{1 - \left(\dfrac{h_1}{h_2}\right)^2}\Delta p - \frac{6\eta u_0 (h_2 - h)}{h^2 (h_1 + h_2)}x \tag{4 – 7}$$

当 $u_0 = 0$ 时，则有

$$p = p_1 - \frac{1 - \left(\dfrac{h_1}{h}\right)^2}{1 - \left(\dfrac{h_1}{h_2}\right)^2}\Delta p \tag{4 – 8}$$

对于图 4 – 4 (b) 所示的顺锥情况，其流量计算公式和倒锥安装时流量计算公式相同，但其压力分布在 $u_0 = 0$ 时，则为

$$p = p_1 - \frac{\left(\dfrac{h_1}{h}\right)^2 - 1}{\left(\dfrac{h_1}{h_2}\right)^2 - 1}\Delta p \tag{4 – 9}$$

如果阀芯在阀体孔内出现偏心，如图 4 – 5 所示，由式 (4 – 8) 和式 (4 – 9) 可知，作用在阀芯一侧的压力将大于另一侧的压力，使阀芯受到一个液压侧向力的作用。图 4 – 5 (a) 所示的倒锥的液压侧向力使偏心距加大，当液压侧向力足够大时，阀芯将紧贴在孔的壁面上，产生所谓的液压卡紧现象。图 4 – 5 (b) 所示的顺锥的液压侧向力使偏心距减小，阀芯自动定心，不会出现液压卡紧现象，即出现顺锥是有利的。

4.1.3　结构设计

本结构设计如图 4 – 1 ~ 图 4 – 5 所示。

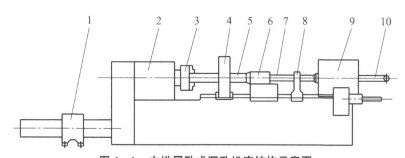

图 4 – 1　内排屑卧式深孔机床结构示意图
1—主轴电机；2—主轴箱；3—卡盘；4—工件中心架；5—工件；
6—输油器；7—纠偏钻杆；8—钻杆支承座；9—钻杆进给座；10—排屑管

如图 4 – 1 所示，输油器 6 是深孔加工的必要部件，而且是重要部件。输油器 6 的结构如图 4 – 2 所示。切削液从输油器 6 的进油孔进入空腔，由于其右方刀杆密封件的密封作用，切削液只能向左通过环状间隙流向切削刃部，带着切屑进入纠偏钻杆中间孔并向后排出。

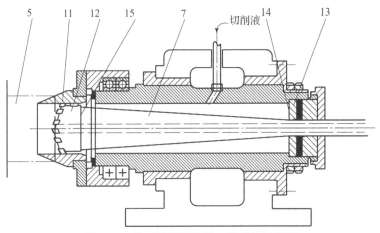

图4-2 基于锥形结构的刀具系统示意图

5—工件；7—纠偏钻杆；11—钻套；12—钻头；13—刀杆密封件；

14—刀杆密封件内端面；15—纠偏钻杆内端面

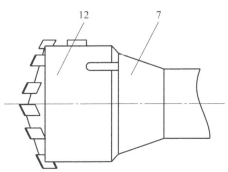

图4-3 锥体长度较小的纠偏钻杆结构示意图

7—纠偏钻杆；12—钻头

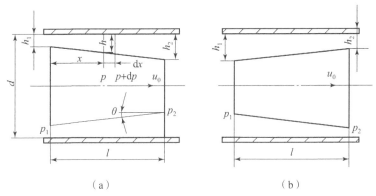

（a）

（b）

图4-4 装置原理示意图

（a）倒锥；（b）顺锥

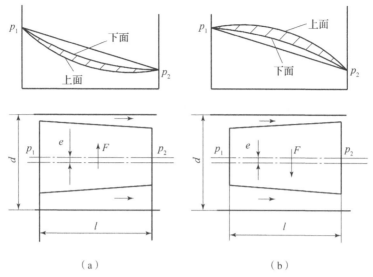

图 4 - 5　液体压力分布图

如图 4 - 1、图 4 - 2 所示，纠偏钻杆 7 与钻头 12 固连，内部有轴向通孔。纠偏钻杆外部一端为圆锥体结构，另一端为圆柱体结构。圆柱体结构与刀杆密封件 13 圆柱孔相配合，圆锥体结构位于刀杆密封件内端面 14 与钻头之间。圆锥体可以长（图 4 - 2），也可以短（图 4 - 3）。纠偏钻杆一端靠近钻头，加工过程中进入工件 5 内部，另一端加工过程中不进入工件内部。

4.1.4　技术特点及有益效果

本技术方案具有以下特点。

借鉴了液压传动中环形圆锥间隙倒锥会发生液压卡紧，而顺锥会产生定心作用的原理，利用在深孔内流动的切削液的动压实现深孔刀具的自纠偏，防止深孔加工时刀具产生偏斜，提高深孔的加工精度。

本技术方案具有以下有益效果。

（1）纠偏钻杆能利用其圆锥部分的顺锥结构实现自动纠偏。

（2）通常情况下，深孔加工中钻头的最大直径等于所钻孔的直径，而钻杆直径小于所钻孔的直径，且一般深孔钻杆长度大。受自重的影响，钻杆容易弯曲、偏离理想位置，引起钻头姿态变化，其他原因也容易使钻杆偏斜。纠偏钻杆的锥体结构为顺锥，相当于阀芯。当具有压力的切削液进入深孔后，如果纠偏钻杆有偏心，其锥体结构受到切削液产生的径向不平衡力作用，这种力能够使纠偏钻杆与深孔间的偏心距减小，可以及时纠正钻杆及钻头偏斜。

（3）当圆锥体长度大时，可取得良好的纠偏效果；当圆锥体长度小时，纠偏力有所减小，但由于圆锥体长度小，纠偏钻杆加工难度减小。

（4）本技术方案促进了深孔加工纠偏难题的解决，将提高深孔直线度及深孔相对设计基准的平行度、垂直度、同轴度。

4.2 基于楔形结构的刀具系统自纠偏

4.2.1 技术领域与背景

深孔加工基本状况是：深孔加工方法有钻深孔、镗深孔、铰孔和珩磨深孔等，其中钻深孔应用最为广泛。在实体上加工孔较多时，有时需将零件的底孔扩大。

深孔加工中切削液发挥着重要作用：在深孔加工机床上，利用深孔 BTA 刀具进行加工时，切削液从油管和进油口进入深孔机床输油器空腔，由于输油器端盖及刀杆密封件的限制，切削液只能通过工件已加工孔与刀杆之间的环状间隙流向切削刃部，冷却、润滑后将切屑推入排屑孔并最终反方向排出。

纠正刀具偏斜是深孔加工的技术难题：深孔加工过程中难以观察加工部位和刀具状况，刀杆长度大，容易发生偏斜，造成工件报废，因此深孔加工是机械加工的难点。防止、纠正钻头、镗刀及刀杆偏斜，确保加工精度，是有待攻克的技术难题。

现有深孔刀具导向方案：为了防止深孔加工过程中刀具走偏，常常将刀具做成非对称结构，两侧切削力合力不为零，此合力指向一侧，作用于刀具，使刀具的导向块与已加工孔一侧孔壁始终紧密贴合，其结果是以已加工孔一侧孔壁定位，从而避免孔的偏斜。尽管如此，由于材料不均匀、加工过程中的振动等原因，在不少情况下，所加工的孔仍然出现偏斜，使产品成为废品。为了减少孔的偏斜，技术人员进行过多种努力，但尚未很好解决这一技术难题。

应该重点指出的是，目前所用的内排屑深孔钻钻杆外部为圆柱体。

4.2.2 技术原理

自纠偏深孔加工系统采用了楔形和锥形结构，依据液压流体力学理论提供了防止和纠正深孔加工过程中刀具偏斜的技术方案。自纠偏深孔加工系统包括工件、油路部分、刀具部分，油路部分包括油路系统主体、排屑孔，刀具部分包括切削刃、刀体、楔形体、圆锥体、圆柱体。排屑孔穿过刀体、楔形体、圆锥体、圆柱体。楔形体有沿其圆周方向均匀分布的楔形槽。刀具部分与工件有相对旋转运动，两表面间形成楔形油膜，产生一定的动压力。另外，圆锥体与工件孔之间形成的液体因其锥形对刀具部分也有纠偏作用。

在机械设计学科中，轴承包括滚动轴承和滑动轴承，滑动轴承包括动压轴承和静压轴承，部分动压轴承采用楔形结构。比如 M1050 无心磨床主轴支撑在动压轴承上，该动压轴承为"三片瓦"式结构，轴与轴承之间形成三个楔形油膜，三个楔形油膜支撑无心磨床的主轴，楔形油膜具有自定心作用，因此使主轴处于正确的位置，主轴具有很高的精度，为磨削高精度产品提供保障。

本自纠偏深孔加工系统将楔形油膜的原理应用于深孔加工。楔形油膜中液体的压力高于非楔形部分液体的压力，楔形油膜支撑深孔加工刀具部分，使深孔刀具处于正确的位置，借助油膜的定心作用防止和纠正深孔加工过程中刀具可能出现的偏斜。

自纠偏深孔加工系统和动压滑动轴承中都采用了楔形油膜，但其具体作用与技术参数不同。以 M1050 无心磨床为例，在该设备中楔形油膜所支撑的对象是轴而不是刀具。从另外一个角度看,用于支撑轴类零件的动压轴承的楔形结构一般位于旋转副中尺寸较大的零件上,这一点可参见濮良贵、纪名刚主编的《机械设计》(第八版)的第 301 ~ 302 页,该书由高等教育出版社出版,而在本技术方案中,楔形结构位于旋转副中尺寸较小的零件上。

楔形油膜支撑磨床主轴,其承载能力和精度在机床设计著作中已有详细介绍。因此,本自纠偏深孔加工系统的设计可参照相关内容。

在本技术方案中,刀具部分可以有圆锥体,也可以没有圆锥体。当有圆锥体时,圆锥体与工件孔之间形成的液体为环形圆锥形状,对刀具部分也有纠偏作用。其原理参见本书 4.1 节。更详细的内容参见沈兴全主编的《液压传动与控制》第三章第四节"孔口与缝隙的压力流量特性"。这部分内容介绍了流经圆锥环形间隙的流量及液压卡紧现象,顺锥的液压侧向力使偏心距减小,倒锥使偏心距加大。在本自纠偏深孔加工系统中利用顺锥原理,刀具部分的圆锥为顺锥,可以防止和纠正刀具的偏斜。

4.2.3　结构设计

如图 4 - 6 所示,该系统包括工件 1、油路部分、刀具部分。油路部分包括油路系统主体 11、排屑孔 12、油路系统底座 10。刀具部分包括切削刃 2、刀体 3、楔形体 4。

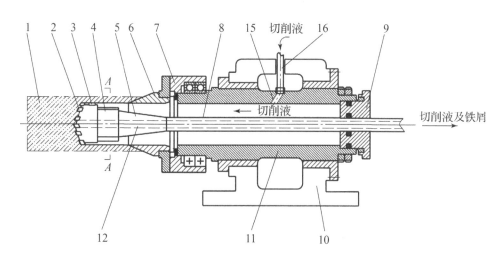

图 4 - 6　带圆锥体的楔形结构刀具加工系统示意图

1—工件;2—切削刃;3—刀体;4—楔形体;5—圆锥体;6—钻套;7—回转体;8—圆柱体;
9—端盖;10—油路系统底座;11—油路系统主体;12—排屑孔;15—进油口;16—油管

排屑孔穿过刀体、楔形体。楔形体有沿其圆周方向均匀分布的楔形槽 14(图 4 - 7)。楔形槽在加工孔时有切削液。楔形槽与工件孔内壁间的油膜为楔形,不同楔形槽的结构沿同一圆周方向变化规律相同。当工件没有底孔时,楔形体位于切削刃的后部;当工件有底孔时,楔形体可以位于切削刃的前部或后部,或使切削刃前部、后部都有楔形体。

该系统的楔形体与工件已加工孔或工件底孔相配合,构成旋转副。当楔形体与工件已加工孔相配合时,楔形体最大直径小于工件已加工孔直径;当楔形体与工件底孔相配合时,楔形体最大直径小于工件底孔直径。

该系统的楔形槽为两个或两个以上。楔形体位于端盖9与工件之间,其上有通油槽13(图4-7)。通油槽最大深度小于楔形体最大外径与排屑孔直径之差的一半。

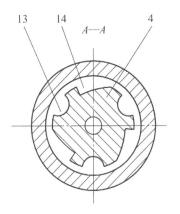

图4-7 楔形体A—A截面剖视图
4—楔形体;13—通油槽;14—楔形槽

如图4-8所示的刀具加工系统有圆柱体8,排屑孔12穿过圆柱体。该圆柱体可直接与楔形体4连接(图4-8),或通过圆锥体5与楔形体连接(图4-6)。切削刃和刀体可以是对称结构或非对称结构。圆锥体位于端盖9与工件之间。

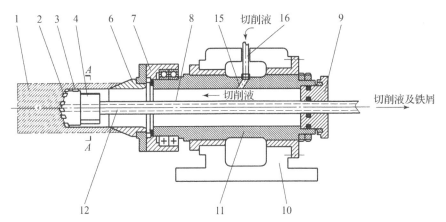

图4-8 楔形结构刀具加工系统示意图
1—工件;2—切削刃;3—刀体;4—楔形体;6—钻套;7—回转件;8—圆柱体;
9—端盖;10—油路系统底座;11—油路系统主体;12—排屑孔;15—进油口;16—油管

4.2.4 技术特点及有益效果

本技术方案具有以下特点。

(1)利用楔形油膜的作用力防止深孔刀具及刀杆偏离正确位置:借鉴动压滑动轴承的工作原理,构建楔形空间,形成楔形油膜。具体说,使楔形体与深孔刀固定连接,楔形体位于深孔内,其最大直径小于深孔的直径,楔形体有沿其圆周方向均匀分布的楔形槽,楔形槽与工件孔内壁间有楔形油膜,楔形油膜中液体的压力高于非楔形部分液体的压力,楔形油膜支撑深孔加工刀具部分,多个油楔的合力使刀具趋于稳定在正确的位置,防止和纠正深孔加工过程中刀具可能出现的偏斜，提高深孔加工的精度。

（2）本系统包括工件、油路部分、刀具部分。油路部分包括油路系统主体、排屑孔、油路系统底座。刀具部分包括切削刃、刀体、楔形体。

本技术方案具有以下有益效果：刀具部分与工件有相对旋转运动，两表面间形成楔形油膜，产生一定的动压力，多个油楔的合力使刀具趋于稳定在正确的位置，提高深孔加工的精度。另外，圆锥体与工件孔之间形成的液体因其环形圆锥形状对刀具部分也有纠偏作用。

4.3　斜面结构后置的孔加工刀具自纠偏

4.3.1　技术领域与背景

深孔加工刀具包括枪钻、BTA 钻及其他刀具。深孔刀具细而长，刚度小，易发生偏斜，造成工件的质量问题。因此，有必要进行技术创新，使深孔加工刀具更好地稳定于原有的正确位置，保证深孔加工质量。

深孔装备中的输油器用来向圆形刀杆（钻杆）与已加工孔之间的环形间隙中输入具有一定压力的油液，油液流过环形间隙后流入切削区，然后从钻杆中心的孔流出，液体流出的同时带走铁屑和热量。

防止深孔加工刀具走偏，使其稳定于正确的位置，减小深孔直线度误差及其他形状和位置误差，是有待攻克的技术难题。本书提出一种技术方案用于解决现有深孔加工过程中 BTA 钻等深孔刀具的走偏问题。

4.3.2　技术原理

刀具包括切削部分、刀杆部分、凸起部分、连接套。凸起部分的轮廓为渐开线、斜线或其他曲线。在深孔加工过程中，深孔加工刀具与工件之间存在相对运动，凸起与已加工内孔之间形成收敛的间隙，凸起部分可位于刀杆部分或切削部分上，还可安装于两刀杆部分之间。在受到液压力的作用下，深孔加工刀具自动定心，稳定于准确位置，将提高深孔加工质量。

如图 4 - 9 所示，在深孔加工过程中，孔加工刀具与工件 4 之间存在相对运动，两者之间充满液体。因此液体也被带动，在间隙内运动。如图 4 - 10 所示，当液体流过从大到小的间隙时将形成动压油膜或动压油层，收敛的间隙所对应部分的液体压力将增大，对孔加工刀具产生一个作用力。凸起部分与已加工内孔之间形成两个或两个以上收敛的间隙，各个收敛间隙都将对孔加工刀具产生一个作用力，当收敛间隙的数量和位置分布合适时，各个收敛间隙内的液体压力共同作用于孔加工刀具，犹如车床的三爪卡盘或四爪卡盘夹住一个圆柱形零件。三爪卡盘或四爪卡盘夹住圆柱形零件后，零件即处于稳定状态，即使受到干扰力，通常也不容易偏离正确的位置。同理，带有凸起结构的孔加工刀具也不容易偏离正确的位置。

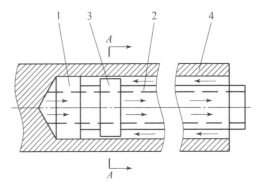

图 4 - 9　一种斜面结构后置的孔加工刀具的示意图

1—切削部分；2—刀杆部分；3—凸起部分；4—工件

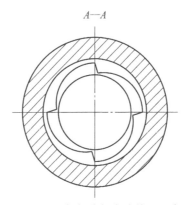

图 4 - 10　凸起部分与内孔关系示意图

4.3.3　结构设计

如图 4 - 9 所示，孔加工刀具包括切削部分 1、刀杆部分 2、凸起部分 3。与通常的深孔加工刀具相比，增加了凸起部分，凸起部分的轮廓是渐开线、斜线或其他曲线。

深孔加工过程中，从理论上讲，孔加工刀具的中心线与所加工孔的中心线重合。通常情况下，加工过程中，切削部分、刀杆部分位于已加工的深孔内。油液流过孔加工刀具的外部，流向切削部位，冷却切削部位，并带着铁屑沿孔加工刀具内部的孔流出。

现有技术中，孔加工刀具中的刀杆部分为圆柱形，切削部分的后部也为圆柱形，圆柱形与已加工孔之间形成的间隙是圆环形，从理论上讲，间隙大小处处相等。

而本技术方案中的刀具带有凸起部分（图 4 - 9、图 4 - 10），凸起部分与已加工孔之间形成的间隙不是圆环形，其由大变小，然后又由小变大。

本孔加工刀具，根据需要，凸起部分可以与切削部分制作成一体，成为一个零件（图 4 - 11）；凸起部分还可以与刀杆部分制作成一体，成为一个零件（图 4 - 12）；或者，凸起部分与切削部分、刀杆部分制作成一体，成为一个零件（图 4 - 10）。机械制造单位另外一种选择是：制造一个连接套 5（图 4 - 13），其上带有凸起部分 3，连接套连接切削部分和刀杆部分。

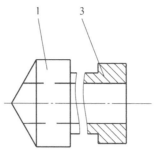

图 4 – 11　凸起部分与切削部分制作成一体的示意图

1—切削部分；3—凸起部分

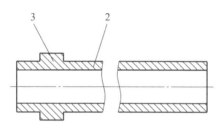

图 4 – 12　凸起部分与刀杆部分制作成一体的示意图

2—刀杆部分；3—凸起部分

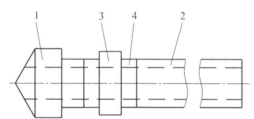

图 4 – 13　凸起部分与连接套制作成一体的示意图

1—切削部分；2—刀杆部分；3—凸起部分；4—连接套

如图 4 – 14、图 4 – 15、图 4 – 16 所示，凸起部分的凸起数量最好为 2 个或 3 个或大于 3 个。当凸起数量为 1 个时，应该注意凸起部分所放置的方位，由该凸起部分所产生的液压力，最好指向深孔刀具的导向条（又称支撑块）所在部位，防止因为凸起部分的存在破坏深孔加工自导向功能。

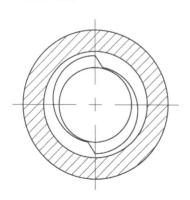

图 4 – 14　凸起部分结构一的示意图

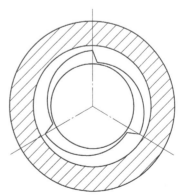

图 4 – 15　凸起部分结构二的示意图

为了加工方便，凸起部分的轮廓采用渐开线、斜线或其他易于加工的曲线。深孔加工过程中往往有几根刀杆，刀杆部分相互连接，从而可以加工深孔，这种情况下刀杆部分刚度小，容易变形，影响孔的加工质量。为了防止刀杆部分变形，有时可以将连接套安装于两刀杆部分之间，即通过连接套将两刀杆部分连接起来。

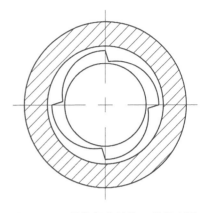

图 4-16　凸起部分结构三的示意图

连接套上有凸起部分，凸起部分与已加工孔之间的液体的作用力使凸起部分自动定心，稳定于准确位置。因此，可以减少刀杆部分的下垂和其他形式的弯曲变形，减小孔加工误差。当然，将连接套 5 安装于两刀杆部分之间的方案，只能用于一部分深孔加工场合。较多情况下，深孔刀杆直径与刀杆支撑的直径相等，这时不宜采用上述方案。但如果进行技术上的创新，深孔刀杆主要靠楔形油膜的液压力支撑，则可采用上述方案。

本刀具凸起部分的轮廓与已加工孔的内壁形成楔形空间，因而将其视为具有斜面的结构；又因为在孔的加工过程中楔形空间位于切削刃的后部，故将其称为"一种斜面结构后置的孔加工刀具"。

4.3.4　技术特点及有益效果

本技术方案具有以下特点。

运用楔形油膜的承载机理，在刀杆上设计凸起部分，使其与已加工深孔内壁产生楔形间隙，加工时深孔内的切削液填满该间隙形成楔形油膜，利用油膜内的液压力防止刀具在加工过程中产生偏斜。如图 4-9 所示，一种斜面结构后置的孔加工刀具包括切削部分 1、刀杆部分 2、凸起部分 3。凸起部分位于切削部分后部。凸起部分 3 的最大尺寸小于深孔的直径，凸起部分 3 与已加工内孔孔壁形成收敛的间隙（图 4-10）。如图 4-11 和图 4-12 所示，本孔加工刀具的凸起部分 3 可与切削部分 1 或刀杆部分 2 制作成一体，成为一个零件。凸起部分的轮廓线可以是渐开线、斜线或其他曲线。

本技术方案具有以下有益效果：使深孔加工刀具受到液压力的作用，保持于正确的位置，防止外部因素的干扰使孔加工刀具发生偏离，将利于提高深孔加工质量。

4.4　纠偏力可调的刀具自纠偏

4.4.1　技术领域与背景

本书 4.2 节介绍了利用楔形油膜的作用力防止深孔刀具及刀杆偏离正确位置的方案，但在深孔加工时，零件的不同孔径、机床加工的不同转速以及楔形体的不同外形等均对油膜压力的大小造成影响。为使刀具产生的油膜压力满足不同的加工需求，提高深孔的加工精度，下面介绍一种纠偏力可调的刀具。

4.4.2 技术原理

本书所述的纠偏力可调的刀具的工作状态如图 4 – 17 所示，图中 1 为工件，2 为切削刃，3 为导向条，4 为刀体，5 为刀杆，6 为输油器，7 为楔形部分，楔形部分带有 2 个以上楔形凸起。相邻楔形部分之间有槽，用于流过液体。

由图 4 – 18 可知，刀具系统楔形部分 7 与已加工深孔孔壁形成 4 个楔形空间，楔形部分 7 与刀具系统一起做相对于深孔工件的旋转运动。切削液具有黏性，被拖进 4 个楔形空间，从大间隙处流入，其压力升高，并形成 4 个楔形油膜。4 个楔形油膜均匀分布，它们作用于楔形部分，犹如三爪卡盘或四爪卡盘夹紧一个工件。均匀分布的油膜作用力使楔形部分连同与之固定连接的刀具系统定位于深孔中心，深孔刀具系统沿着已加工深孔的轴线向前进给。利用已加工出的深孔作为基准，进行导向，加工后续深孔。

当楔形部分受到外界干扰，偏离深孔轴线时，各处楔形油膜厚度将发生变化，厚度变小的油膜内将产生更高的压力，它对楔形部分的作用力加大，从而使楔形部分恢复原来位置，同时使油膜恢复原始厚度。上述纠偏过程，因液体特性，随时动态自动进行。

在本书所涉及的轴承动压润滑原理中，相关文献介绍了间隙的选择原则。根据间隙选择原则，楔形部分的最大直径必须小于所加工深孔的直径，即楔形部分与已加工深孔内壁之间必须具有间隙。而在本技术方案中，与轴承动压润滑原理不同的是，最小间隙为零时，液体从大间隙流入后，虽然不能沿圆周方向流出，但可以沿深孔轴向方向流出。楔形部分的最大直径实际是可以等于所加工深孔的直径的，即楔形部分与已加工深孔内壁之间的最小间隙可以很小，甚至等于零。其具有以下特点：①可以获得的液体的力量大。②自定心精度高、自纠偏效果好。③对于最小间隙为零的情况，该部位接近于点接触，接触线短、面积小，加之有油液，不会影响刀具系统相对于工件的旋转。④最小间隙为零时，楔形油膜内的压力很高，但不会引起爆炸。这时，液体从大间隙流入后，虽然不能沿圆周方向流出，但可以沿深孔轴向方向泄漏。⑤对于最小间隙为零的部位，加工过程中会有磨损出现间隙。出现间隙后，液体压力相应下降，间隙越大，液体压力下降越大。因此，楔形凸起应经过耐磨处理。

纠偏力可调的刀具示意图如图 4 – 19 所示。

可以调节的楔形凸起在其位置或姿态被调定后，进行深孔加工前，利用现有技术直接被安装于刀具系统中，或者经过调节垫块被安装于刀具系统中。图 4 – 19 中自定心力调节装置除了定位块，还有螺杆、支座，是一种精密调节装置。使螺杆旋转 θ 角，由于支座是固定的，因此螺杆相对于支座移动的距离是 $\theta L_1/2\pi$。定位块也通过螺纹与螺杆相配合，由于定位块只能移动，不能旋转，因此，定位块相对于螺杆反向移动距离为 $\theta L_2/2\pi$。由此得到定位块相对于固定的支座移动的距离为：$d = \theta L_1/2\pi - \theta L_2/2\pi = (L_1 - L_2)\theta/2\pi$。当 L_1、L_2 相差很小时，d 的值可以很小，因此，楔形凸起的位置或姿态的变化可以很小，即油膜的厚度变化可以很小，油膜对楔形凸起的作用力的变化可以很小。因此可以实现对定心力的精密控制。依据上述精密调节原理，可以获得一般调节装置，即粗略调节装置；也容易得到电、磁式调整装置，即利用电、磁，使楔形凸起的位置和姿态发生变化。

4.4.3 结构设计

本结构设计如图 4 – 17 和图 4 – 19 所示。

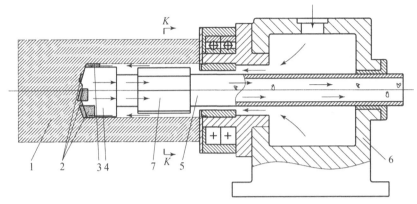

图 4-17　纠偏力可调的刀具的工作状态

1—工件；2—切削刃；3—导向条；4—刀体；5—刀杆；6—输油器；7—楔形部分

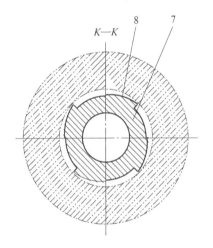

图 4-18　楔形体 *K—K* 截面剖视图

7—楔形部分；8—楔形凸起

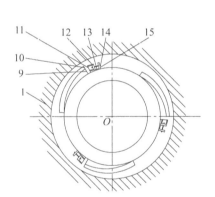

图 4-19　纠偏力可调的刀具示意图

1—工件；9—调节垫块端面；10—楔形凸起端面；

11—定位块端面；12—定位块；13—限定表面；

14—螺杆；15—支座

本书所述的刀具可为整体式，也可为分体式。整体式纠偏力可调刀具的楔形部分与刀体是整体式结构。楔形部分的主体与刀体材料相同，与刀体来源于同一个毛坯，与刀体具有一个或一个以上相同的设计基准、加工工艺基准。其优点是：不需要单独制造楔形部分，因此，深孔刀具系统的装配误差小，有利于提高加工精度。分体式纠偏力可调刀具只要单独设计、制作一个楔形部分，即可以在现有设备、现有加工过程中实施自定心、自导向、自纠偏方案。楔形部分的左端、右端分别以螺纹与现有钻头、刀杆相连接。

4.4.4　技术特点及有益效果

本技术方案具有以下特点。

（1）深孔钻杆上具有楔形凸起，刀具系统楔形凸起与已加工的深孔孔壁形成楔形空间，切削液具有黏性，在楔形空间内由大间隙流入小间隙，其压力升高，产生楔形油膜压力，多个楔形油膜均匀分布，均匀分布的油膜作用力使楔形部分连同与之固定连接的刀具系统定位于深孔中心，当楔形部分受到外界干扰，偏离深孔轴线时，各处楔形油膜厚度将发生变化，厚度变小的油膜内，将产生更高的压力，对楔形部分的作用力加大，使楔形部分恢复到原来的位置，从而达到自纠偏效果，提高深孔的加工精度。

（2）楔形凸起可调，楔形凸起的端面或者调节垫块的端面与定位件接触。定位件的位置决定了楔形凸起或垫块的位置。调节定位件的左右位置，则楔形凸起沿圆周具有不同位置。同时，楔形凸起顶面与深孔内壁的间隙也发生变化。改变调节垫块沿圆周方向的位置，则楔形凸起在空间的姿态将发生变化。楔形凸起沿圆周的位置或其空间姿态发生变化，都将使油膜厚度发生变化，油膜对楔形凸起的作用力也发生变化，达到纠偏力可调的目的，以适应不同零件的加工需求。

本技术方案具有以下有益效果：基于纠偏力可调的刀具自纠偏方案，可通过调整楔形体的外形，使钻杆纠偏力适应不同材料、不同孔径以及机床加工的不同转速下的深孔加工过程。

4.5　基于螺旋槽结构的刀具自纠偏

4.5.1　技术领域与背景

来复线是枪管中的膛线，枪管中的膛线让子弹产生自转，提升子弹射出后飞行中的稳定性。其工作原理如下：在枪膛内切出螺旋状凹沟，当弹头通过枪膛时会产生旋转，在膛外飞行时形成陀螺仪式的稳定效果，弹头可以飞得较远，弹道也比较稳定，受到的空气阻力力矩会使子弹绕其质心前进的方向进动。

参考来复线的原理，设计一种基于螺旋槽结构的刀具，在切削液的作用下，能够防止和纠正刀具的偏斜，使刀具尽可能处于正确位置，提高孔加工成品率及加工精度。

4.5.2　技术原理

如图 4-20 所示，基于螺旋槽结构的刀具系统包括刀体 2、刀杆 3，刀具位于工件 1 内。刀体 2 与刀杆 3 固定连接，相对于工件旋转并做进给运动，完成孔的加工。切屑液从输油器 4 上的油口 6 流入，流过刀杆 3 外部的空间，经过刀体 2，冷却润滑刀具，随后带着切屑从刀杆内孔流出。

现有刀杆的外部表面为光滑圆柱，而在本节中介绍的刀杆 3 外部表面上加工有多条螺旋槽 5，切削液流过刀杆外部的螺旋槽 5，因多条螺旋槽的作用，在刀杆外部的空间内流动时做螺旋运动，旋转的液体形成陀螺仪式的稳定效果，阻止刀体、刀杆偏离理想位置。

所用螺旋槽的形状可以是矩形、楔形、梯形、圆形、多弧形、多边弧形。

矩形螺旋槽刀杆的特点是结构简单、加工方便、成本低。

楔形螺旋槽刀杆的特点是可以形成楔形油膜。当液体流过楔形空间时，液体内部将会产生压力，该压力高于非楔形空间内的压力。楔形螺旋槽内所产生的液体的压力将作用于刀杆，沿圆周分布的多个螺旋槽里的液体犹如三爪卡盘或四爪卡盘夹住刀杆，提高刀杆的刚度，减少刀杆的变形和振动，从而提高深孔加工质量。

梯形螺旋槽刀杆的特点是刀杆的强度高于矩形螺旋槽刀杆。

圆形螺旋槽刀杆的特点是受应力集中的影响小。

多弧形螺旋槽刀杆的特点是螺旋槽的轮廓线由多个圆弧组成。其半径可以互不相等。

多边弧形螺旋槽刀杆的特点是螺旋槽的轮廓线由多个线段和多个圆弧组成，圆弧与边相切。

通过螺旋槽轮廓形状的多样化设计，可以优化流体的动力学特性、提升流体对于刀杆的稳定性作用。螺旋槽位于密封空间内，防止油液从螺旋槽泄漏。

4.5.3 结构设计

图 4 – 20 为深孔加工及等齐螺旋槽刀杆系统示意图，图 4 – 21 为深孔加工及渐速螺旋槽刀杆系统示意图，图 4 – 22 为深孔加工及混合螺旋槽刀杆系统示意图，图 4 – 23 为楔形螺旋槽 A—A 截面剖视图，图 4 – 24 为矩形螺旋槽 A—A 截面剖视图。

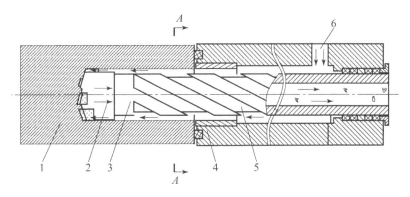

图 4 – 20　深孔加工及等齐螺旋槽刀杆系统示意图
1—工件；2—刀体；3—刀杆；4—输油器；5—螺旋槽；6—油口

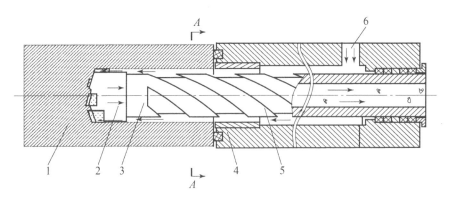

图 4 – 21　深孔加工及渐速螺旋槽刀杆系统示意图
1—工件；2—刀体；3—刀杆；4—输油器；5—螺旋槽；6—油口

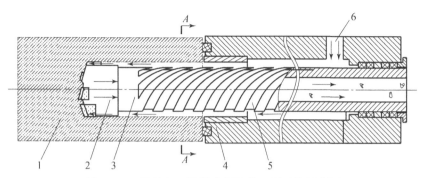

图 4 – 22　深孔加工及混合螺旋槽刀杆系统示意图

1—工件；2—刀体；3—刀杆；4—输油器；5—螺旋槽；6—油口

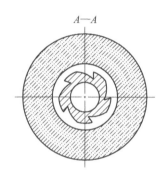

图 4 – 23　楔形螺旋槽 A—A 截面剖视图

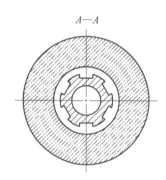

图 4 – 24　矩形螺旋槽 A—A 截面剖视图

4.5.4　技术特点及有益效果

本技术方案具有以下特点。

（1）基于螺旋槽结构的刀具包括刀体 2、刀杆 3。刀杆 3 外部表面上加工有多条螺旋槽 5，切削液在刀杆外部的空间内流动时做螺旋运动。

（2）借鉴来复线，在刀杆上加工螺旋槽，螺旋槽的形状可以有多种，如矩形、楔形、梯形、圆形、多弧形、多边弧形，通过螺旋槽轮廓形状的多样化设计来优化流体的动力学特性。由于螺旋槽的形状不同，其特点也各不相同，从而满足不同加工要求。

本技术方案具有以下有益效果：通过螺旋槽结构使得切削液以螺旋线方式流动，可达到使钻杆稳定的目的，有利于提高深孔加工的质量。

4.6　基于浮动环结构的刀具自纠偏

4.6.1　技术领域与背景

浮动环轴承是提高轴承抗振性和增强轴承承载能力的有效方法之一，被推荐用于防止振动和减少发热的高速回转机械当中。

浮动环轴承的优点如下。

（1）提高抗振性。

（2）减少发热（由于摩擦功与圆周速度的平方成正比，因此如果浮动环以等于主轴角速度的一半旋转，那么总发热量大约比一般圆柱形径向轴承小 1/2）。

（3）沿圆周均匀摩擦，以确保环保持圆柱形状。

（4）提高工作可靠性（当浮动环一侧卡住时，另一侧继续工作）。

（5）在冲击和变载荷作用下增大主轴径向位移的阻尼（由于存在双油膜）。

针对深孔加工过程中刀具容易偏离理想位置这一技术难题，本节介绍一种基于浮动环结构的刀具，能够防止和纠正刀具的偏斜，使刀具尽可能处于正确位置，提高深孔加工成品率及加工精度。

4.6.2　技术原理

如图 4-25~图 4-27 所示，基于浮动环结构的刀具包括刀头 2、刀杆 3、浮动环 5，刀头 2 位于工件 1 内，刀头与刀杆固定连接，刀杆内部有通孔，浮动环套在刀杆上，浮动环的外径小于深孔内径，内径大于刀杆 3 的外径，浮动环位于密封空间内，切削液从输油器 4 上的油口 6 流入，经过刀头 2，从刀杆内部通孔流出。在浮动环 5 靠近刀头的一端加工有排油孔 7，有切削液从排油孔 7 流出。一部分切削液从浮动环 5 外表面与深孔内壁的间隙流过，另一部分切削液从浮动环 5 内表面与刀杆 3 的间隙流过。

在轴承中楔形油膜使轴稳定于正确位置，在深孔加工中利用楔形油膜产生的力使刀杆位于正确的位置，可倾瓦轴承形成楔形油膜被广泛应用。其工作原理如下：轴瓦由扇形块组成，轴瓦的倾斜度可以随轴颈位置的不同而自动调整，以适应不同载荷、转速和轴的弹性变形引起的偏斜情况。保持轴颈与轴瓦的适当间隙，能够建立可靠的摩擦润滑油膜。即使在空载运转时，轴与各轴瓦也相对处于某个偏心位置上，即形成几个有承载力的油楔，而这些油楔中产生的油膜压力有助于轴稳定地运转。

借鉴浮动环轴承原理提出的基于浮动环结构的刀具，在钻杆外部套有浮动环，其浮动环 5 内表面与外表面均为圆柱面。

借鉴可倾瓦轴承原理，可在浮动环 5 内表面装两个或两个以上的可倾瓦 9。由于其轴瓦可随转速、载荷的不同而自由摆动，在轴颈周围可形成多油楔，且各油膜压力总是指向钻杆中心，可提高钻杆的稳定性。

借鉴来复线的原理，在刀杆 3 外表面或浮动环内表面或浮动环外表面加工有螺旋槽 8。切削液流过螺旋槽，因多条螺旋槽的作用，在流动时做螺旋运动，旋转的液体形成陀螺仪式的稳定效果，阻止刀具刀杆偏离理想位置。螺旋还能形成动压油膜，还可利用螺旋泵入作用给浮动环和刀杆的间隙供油。

4.6.3　结构设计

图 4-25 为带有浮动环的简易深孔加工刀具系统示意图，刀杆外侧和浮动环内侧以及浮动环外侧都为圆柱面。图 4-26 为带有浮动环的可倾瓦式深孔加工刀具 A—A 截面剖视图，浮动环内侧安装可倾瓦。图 4-27 为带有浮动环的螺旋槽式深孔加工刀具系统示意图，刀杆外侧或浮动环内侧或浮动环外侧加工螺旋槽。

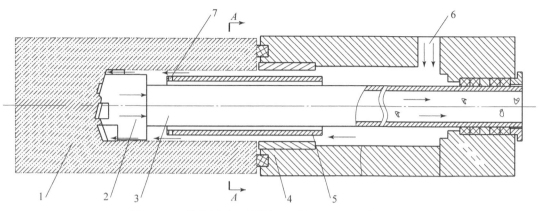

图 4 – 25 带有浮动环的简易深孔加工刀具系统示意图

1—工件；2—刀头；3—刀杆；4—输油器；5—浮动环；6—油口；7—排油孔

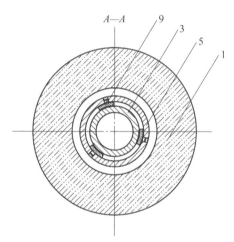

图 4 – 26 带有浮动环的可倾瓦式深孔加工刀具 A—A 截面剖视图

1—工件；3—刀杆；5—浮动环；9—可倾瓦

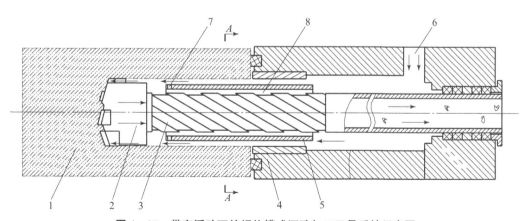

图 4 – 27 带有浮动环的螺旋槽式深孔加工刀具系统示意图

1—工件；2—刀头；3—刀杆；4—输油器；5—浮动环；6—油口；
7—排油孔；8—螺旋槽

4.6.4 技术特点及有益效果

本技术方案具有以下特点。

创新性地将浮动环与深孔加工刀具结合，浮动环位于密封空间内，在浮动环靠近刀头的一端加工有排油孔，有切削液从排油孔流出。一部分切削液从浮动环外表面与深孔内壁的间隙流过，另一部分切削液从浮动环内表面与刀杆的间隙流过。还可以在浮动环内表面设置两个或两个以上可倾瓦，能够防止和纠正刀具的偏斜，使刀具尽可能处于正确位置，提高深孔加工成品率及加工精度。

本技术方案具有以下有益效果。

（1）参考浮动环轴承的设计思想，在深孔刀杆上套有浮动环，提高了深孔加工刀具的抗振性。

（2）依据楔形油膜原理，浮动环 5 内表面有两个或两个以上可倾瓦 9，形成楔形空间，流经楔形空间的液体会产生压力，阻止刀杆的偏斜。

（3）刀杆外侧或者浮动环内侧或浮动环外侧加工有螺旋槽，切削液流动时做螺旋运动，旋转的液体形成陀螺仪式的稳定效果，阻止刀具刀杆偏离理想位置。

第 5 章

刀具外力纠偏与深孔校直方案设计

工艺系统的变形、振动、温度变化等因素，都可导致深孔刀具偏离正确位置，造成深孔轴线的偏斜与弯曲。本章研究利用机械作用力使刀具保持在正确的位置。

5.1 深孔加工在线检测与纠偏装置

5.1.1 技术领域与背景

深孔加工中深孔轴线偏斜问题是目前存在的一个技术难题。当孔的长径比较大时，孔轴线的偏斜更难检测和控制。加工过程中孔轴线偏斜到一定程度后，偏斜会急剧增加。此时，孔直线度和位置精度大大变差，钻头甚至从工件中间钻出，造成工件报废、钻头损坏。国内外对深孔钻削孔轴线偏斜的问题已给予重视，但尚未有非常简单、实用的技术方案。

为解决深孔加工过程中难以观察刀具偏斜、出现偏斜后无法及时纠偏的技术难题，本技术方案提供一种在线检测并实时进行纠偏的装置。

5.1.2 工作原理

如图 5-1 所示，装置包括激光源、敏感探测器、伸缩器等零部件。外激光源发出的光线照射在位置敏感探测器上，观察其光斑位置发生的变化，用于检测钻头位置。钻头位置的变化以直径方向坐标值的形式反映，钻头的位置偏斜最终由径向伸缩器调整。内激光源发出的光线照射在姿态敏感探测器上，其光斑位置发生的变化，用于检测钻头姿态，钻头姿态的变化以角度的形式反映，姿态的调整由轴向伸缩器产生位移来实现。本技术方案可在一定程度上避免钻头偏斜，减小深孔的形状和位置误差。

如图 5-1 所示，本装置的内激光源 13 和外激光源 20 发射激光，利用激光照射在位置敏感探测器 14 和姿态敏感探测器 19 上的光斑位置，在线检测钻头 2 在孔加工过程中的位置和姿态（即角度）。

如图 5-1 所示，外激光源 20 发出的光线经检测孔 17 照射在位置敏感探测器 14 上，当钻头 2 位置发生变化时，位置敏感探测器表面的光斑位置会发生变化，光斑变化量经过 A/D 转换器转换为数字信号，计算机接收数据并实时处理后向驱动电源发出指令。根据计算机的输出控制信号，驱动电源输出足够的电能驱动径向伸缩器 10 产生相应位移，进而调整钻头 2 的位置直至其恢复到正确位置。

如图 5-1 所示，内激光源 13 发出的光线经检测孔 17 照射在姿态敏感探测器 19 上，当钻头 2 姿态发生变化时，姿态敏感探测器表面的光斑位置也会发生变化，光斑变化量经过 A/D 转换器转换为数字信号，计算机接收数据并实时处理后向驱动电源发出指令。根据计算机的输出控制信号，驱动电源输出足够的电能驱动轴向伸缩器 4 产生相应的位移，进而调整钻头 2 的姿态直至恢复到正确位置。

以下结合图 5 - 1、图 5 - 2、图 5 - 3，阐述工作过程。

钻头 2 通过其螺纹段固定于钻杆 22，钻杆 22 固定于进给箱 8 上，只做进给运动，因此本装置一般适用于工件旋转、刀具进给的加工方式。输油器 7 为深孔加工提供具有压力的切削液，切削液从输油器 7 的孔流入，经过钻杆 22 与工件 1 的间隙和钻头 2 的刀片之间的间隙，从排屑孔 18 将切屑排出。钻杆内孔与外圆之间钻有一个检测孔 17 用于通过光束。

钻头 2 开有孔或槽，里面放置径向伸缩器 10，孔或槽的位置在导向块 9 的右方，径向伸缩器 10 上方采用耐磨密封块 11 密封，一方面起保护作用，另一方面防止切削液和切屑进入孔或槽。每个孔或槽里放一个径向伸缩器 10，总数量为 3 个或以上。径向伸缩器 10 和耐磨密封块 11 初始总长度小于孔或槽深度，通电伸长后大于孔或槽深度，并与孔壁接触。由于所采用的小直径段直径小于挡油环 5 的直径，因而钻头 2 和钻杆 22 之间的环形空间较大。在环形空间内可以放置内固定架 12 以及 3 个或以上的轴向伸缩器 4。轴向伸缩器 4 贴近挡油环 5 放置，一端用固定座 3 固定在钻头 2 上，另一端伸长后与钻杆 22 左端面接触。轴向伸缩器 4 以及径向伸缩器 10 可以采用磁致伸缩器或电致伸缩器。

外固定架 21 固定于机床上，外激光源 20 和姿态敏感探测器 19 固定安装于外固定架 21 中。内固定架 12 通过螺钉固定在钻头 2 上，内激光源 13 和位置敏感探测器 14 固定于内固定架 12。姿态敏感探测器 19 安装位置对应于内激光源 13 发出的光线范围；位置敏感探测器 14 安装位置对应于外激光源 20 发出的光线范围。

内激光源 13 发出的光线经检测孔 17 照射在姿态敏感探测器 19 上，通过欧拉角来分析钻头 2 的倾斜角度。外激光源 20 发出的光线经过检测孔 17 照射在位置敏感探测器 14 上。位置敏感探测器 14 上光斑的变化量对应于钻头 2 位置的变化量，可以以坐标值的形式反映。

在加工过程中，当钻头 2 的位置、姿态发生变化时，通过机构变换矩阵将检测到的光斑位置变化量转换为钻头位置、姿态变化量。由计算机根据上述参数，主动控制电压或电流的大小，使径向伸缩器 10 或轴向伸缩器 4 产生所需的位移，进而调整钻头 2 的位置和偏角，从而实现深孔加工的在线检测与纠偏。

5.1.3　装置结构

本装置结构如图 5 - 1 ~ 图 5 - 3 所示。

5.1.4　技术特点及有益效果

本技术方案具有以下特点。

（1）利用激光与光学敏感探测器在加工过程中在线检测钻头等深孔加工刀具的位置和姿态（即角度）。本装置包括内激光源 13、外激光源 20、位置敏感探测器 14、姿态敏感探测器 19 等零部件。该装置的内激光源 13 和位置敏感探测器 14 固定在内固定架 12，外激光源 20 和姿态敏感探测器 19 固定在外固定架 21，姿态敏感探测器 19 安装位置对应于内激光源 13 发出光线范围，位置敏感探测器 14 安装位置对应于外激光源 20 发出光线范围。

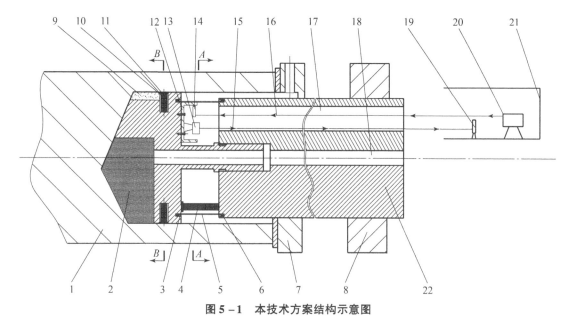

图 5 - 1　本技术方案结构示意图

1—工件；2—钻头；3—固定座；4—轴向伸缩器；5—挡油环；6—密封圈；7—输油器；

8—进给箱；9—导向块；10—径向伸缩器；11—耐磨密封块；12—内固定架；13—内激光源；

14—位置敏感探测器；15—内激光源发出的光线；16—外激光源发出的光线；17—检测孔；

18—排屑孔；19—姿态敏感探测器；20—外激光源；21—外固定架；22—钻杆

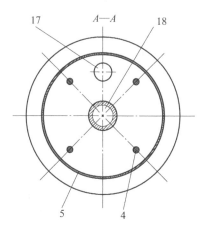

图 5 - 2　A—A 剖面图

4—轴向伸缩器；5—挡油环；

17—检测孔；18—排屑孔

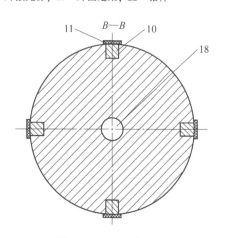

图 5 - 3　B—B 剖面图

10—径向伸缩器；11—耐磨密封块；

18—排屑孔

（2）利用伸缩器纠正深孔刀具。本装置包括轴向伸缩器 4、径向伸缩器 10。径向伸缩器 10 沿钻头 2 周向分布，轴向伸缩器 4 放置于钻头 2 和钻杆 22 之间的环形空间内。径向伸缩器 10 长度可以控制，通电伸长后，作用于工件深孔内壁，利用相互作用力纠正钻头等深孔刀具的位置。轴向伸缩器 4 通电伸长后，使钻头与钻杆之间产生作用力，纠正钻头的姿态（即角度）。

（3）本装置的轴向伸缩器 4 以及径向伸缩器 10 可以采用磁致伸缩或电致伸缩器。利用电线输入电能即可产生纠正深孔刀具偏斜所需的作用力,结构紧凑。与采用机械构件产生纠偏力的方法相比,本装置体积小、零件少、操作简单,控制电压在安全范围内。

本技术方案具有以下有益效果。

(1) 利用双激光源和双敏感探测器,在线检测钻头 2 的位置和姿态变化,解决了无法观测钻头偏斜的难题。

(2) 采用电致伸缩器或磁致伸缩器加力纠偏,体积小、位移分辨率高、响应快、输出力大,可达 4 500 N(参照天津大学硕士论文《超精密切削微进给平台的设计与研究》)。装置能够及时纠正钻头 2 姿态和位置偏差,但电压应该采用安全电压。

(3) 钻头 2 位于挡油环 5 内的部分直径较小,这种结构使得钻头 2 姿态(即角度)的调整成为可能。由于该部分直径小,与挡油环 5 形成了一个较大的环形空间,用于安装检测和纠偏器件。

5.2 深孔钻削在线检测与纠偏系统

5.2.1 技术领域与背景

深孔加工是机械加工中难度较大的工序。在深孔加工过程中难以观察加工部位和刀具状况。因此,实时检测深孔和刀具误差,发现偏斜并予以及时纠正是重要课题,也是技术难题。

本书 5.1 节介绍了基于电致伸缩、磁致伸缩原理的纠偏装置,而利用机械加力机构实施纠偏也是值得探讨的。

本节解决在深孔加工过程中难以观察刀具的问题,为工件旋转、钻头进给、内排屑深孔钻削过程,提供一种检测和纠偏系统。该系统利用激光实时检测内排屑深孔钻头位置和姿态(即角度),并根据需要自动调整钻头,使其恢复到初始值。

5.2.2 装置原理

本技术方案适用于工件旋转、钻头进给、内排屑深孔钻削过程,旨在解决深孔加工过程中难以观察刀具状况、难以纠正刀具偏斜的问题。本系统包括检测部分和纠偏部分,检测部分包括光源、过光孔和光束接收区。光束接收区有立方体角锥棱镜和反射镜。一号光源和钻头位置敏感探测器的位置对应于立方体角锥棱镜的高度范围,钻头姿态敏感探测器的位置对应于反射镜的高度范围。纠偏部分包括加力机构以及平行于钻杆轴线的若干加力孔。借助本系统可及时掌握工件旋转、钻头进给深孔加工的工作状态,尝试纠正钻头姿态偏差,促进深孔加工纠偏难题的解决,提高深孔直线度及深孔相对于设计基准的平行度、垂直度、同轴度。

检测原理:

如图 5-4~图 5-5 所示,本系统采用两个激光源或两个普通强光源发出两束光,即一号光源、二号光源。

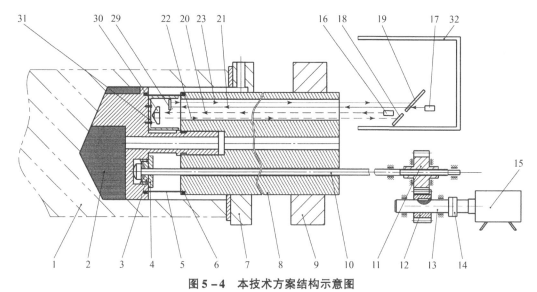

图 5-4 本技术方案结构示意图

1—工件；2—钻头；3—球面垫圈；4—盖；5—挡油环套；6—Y 形密封圈；7—输油器；8—钻杆；

9—进给箱；10—拉杆；11——号齿轮；12—二号齿轮；13—输出轴；14—联轴器；15—电动机；

16——号光源；17—二号光源；18—钻头位置敏感探测器；19—钻头姿态敏感探测器；

20——号入射光束；21—二号入射光束；22——号返回光束；23—二号返回光束；

29—反射镜；30—立方体角锥棱镜；31—内架；32—外架

　　一号光源 16 发出一号入射光束 20，平行于钻杆初始轴线，穿过过光孔 33（图 5-5），射向相对于钻头 2 固定的立方体角锥棱镜 30。由于该棱镜的特点，光束通过立方体角锥棱镜 30 后，成为一号返回光束 22，并以平行于入射前的方向返回到钻头位置敏感探测器 18。检测钻头位置敏感探测器 18 上光斑的变化，将光斑位置信息传输至计算机进行运算、处理，求得钻头 2 位置的变化，即钻头 2 在轴线法面内的位置变化，钻头 2 位置的变化以二维坐标值的形式反映。

　　二号光源 17 发出二号入射光束 21，平行于钻杆初始轴线，穿过倾斜设置的钻头姿态敏感探测器 19 上开设的微孔，射向反射镜 29，由反射镜 29 反射，成为二号返回光束 23，到达钻头姿态敏感探测器 19，检测钻头姿态敏感探测器 19 上光斑的变化，将光斑位置信息传输至计算机进行运算、处理，求得钻头姿态的变化，钻头 2 姿态的变化以欧拉角的形式反映。

　　上述一号光源 16、二号光源 17、钻头位置敏感探测器 18 和钻头姿态敏感探测器 19 都固定安装于外架 32 上，外架 32 固定于机床上。反射镜 29、立方体角锥棱镜 30 都固定安装于内架 31。

　　过光孔 33 位于钻杆排屑孔 36（图 5-5）与钻杆外圆之间。

　　上述光斑变化采用现有技术检测具有可行性。例如，位置敏感探测器工作表面按一定规律分布着很多微小的光敏电阻，光束照射到的光敏电阻值将变小，由此不难求出光斑的变化。

　　上述立方体角锥棱镜 30 的特点是，光线射向该棱镜后将平行于入射方向回射。因此，通过立方体角锥棱镜能够得到钻头在垂直于光源线平面内的二维位置变化。

　　所得到的钻头 2 二维位置坐标、姿态欧拉角，间接反映了孔的精度，实现了对孔的间接在线检测。

纠偏原理：

如图 5-4 所示，加力机构动力来源为电动机 15，电动机 15 通过齿轮传动副连接拉杆 10，拉杆 10 穿过加力孔 35（图 5-5），拉杆 10 头部伸入钻头背部 41 开设的连接孔 45 内（图 5-6），因此可以向钻头施加作用力。力的传递过程及机理为：电动机 15 通过联轴器 14 驱动输出轴 13，带动一号齿轮 11 和二号齿轮 12 转动。安装于拉杆 10 上的齿轮的轴向运动被固定于进给箱体的零件所限制。因此，一号齿轮 11 只能做旋转运动。齿轮内孔有螺纹，与拉杆 10 后端的螺纹相配合。电动机 15 驱动齿轮旋转时可驱动拉杆 10 前后移动，从而通过拉杆纠正钻头。

拉杆 10 上安装有力传感器。

如图 5-4、图 5-5 所示，加力孔 35 位于钻杆排屑孔 36 与钻杆外圆之间。

如图 5-4、图 5-6 所示，拉杆 10 在钻头背部 41 的表面上几个点与钻头 2 相连，便于施加力。点数大于三个，不共线，所形成的三角形或多边形应该包容钻杆排屑孔 36，以适应钻头 2 不同方位调整需要。

加力孔 35 与钻头背部 41 的连接孔 45 正对。

在充分考虑钻头 2 强度、刚度、扭转刚度的前提下，钻头过渡段（小直径段 44）直径较小，使得调整钻头姿态容易实现。

包括拉杆 10、电动机 15 在内的加力机构与进给箱 9 固连，随钻头 2、钻杆 8 移动。

如图 5-4、图 5-6 所示，在拉杆式加力机构中，拉杆头作用于球面垫圈 3，球面垫圈 3 作用于盖 4，盖 4 固定于钻头背部 41 的螺纹孔内。

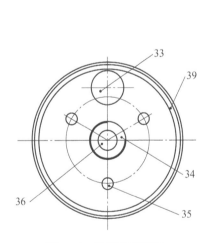

图 5-5 钻杆端面视图

33—过光孔；34—螺纹连接孔；
35—加力孔；36—钻杆排屑孔；39—环槽

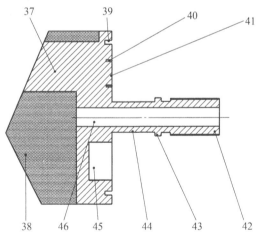

图 5-6 钻头结构简图

37—钻头体；38—刀片；39—环槽；
40—螺钉孔；41—钻头背部；42—螺纹段；
43—挡环；44—小直径段；
45—连接孔；46—钻头排屑孔

所施加的三个或多个力基本上垂直于钻头背部 41，它们不能在钻头 2 轴线法面或光源线法面内直接调整钻头 2。换言之，本系统不能直接纠正钻头横向偏移。但本系统能纠正钻头 2 姿态偏差，在一定程度上能起到纠正钻头 2 位置偏差的作用。而且，本系统是实时检测、实时控制，迅速纠正钻头 2 姿态偏差，显然有利于保证深孔的直线度及深孔相对于其设计基准的平行度、垂直度、同轴度,可防止深孔偏斜。

所加纠偏力的大小,由钻头位置实际坐标、实际欧拉角决定。纠偏力通过力传感器,由计算机实时显示与控制。一旦发现钻头 2 不在正确位置,通过拉杆 10 连续向钻头施加力,使得钻头 2 恢复到初始的姿态。

决定加力大小时,应该考虑的因素包括钻头 2 的偏差、加力点的布局。为便于计算机运算,拉杆 10 可只承受拉力,不产生压力,且让其中一根拉杆 10 的拉力为零。

当采用三个点时,由于三个点决定一个平面,所以在三处连续施加力,经过一定时间后,最终可以使钻头 2 的姿态得到纠正。当采用多个点时,将力合成,得到三个当量力。由于各力基本平行,可以作为平行力合成,以简化计算机的运算。

5.2.3　装置结构

如图 5-4 所示,具有深孔的待加工工件 1 按照常规深孔加工方法装夹于深孔机床主轴。工件 1 上没有底孔,需要钻轴线水平的深孔。所采用的加工方式为工件旋转、钻头进给。本技术方案中的必要零部件包括钻头 2、钻杆 8、输油器 7、进给箱 9。

如图 5-4 所示,输油器 7 为深孔加工提供切削液——具有一定压力的油液。油液从输油器 7 的孔流入,经过钻杆 8 与工件 1 的环形间隙和钻头 2 的刀片之间的间隙,流向钻头切削部位,冷却、润滑刀具,然后从钻杆排屑孔 36(图 5-5)将铁屑排出。

如图 5-4、图 5-5 所示,钻头 2 通过其螺纹段 42(图 5-6)固定于钻杆 8,钻杆 8 固定于进给箱 9 上,只做进给运动。

如图 5-6 所示,钻头 2 包括钻头体 37、刀片 38、钻头背部 41、螺纹段 42、挡环 43、小直径段 44。

如图 5-6 所示,钻头 2 靠近螺纹部分设置了挡环 43。如图 5-4 所示,拧紧钻头螺纹后,挡环 43 紧靠在钻杆 8 的左端面,实现钻头 2 在钻杆 8 上的轴向定位。

如图 5-4 所示,新增加的主要零部件还有一号光源 16、二号光源 17、钻头位置敏感探测器 18、钻头姿态敏感探测器 19、反射镜 29、立方体角锥棱镜 30、纠正钻头 2 用的电动机 15、运算控制器、计算机(图中未示出)等。

如图 5-4 所示,为了防止从输油器 7 进入的具有压力的切削液影响光学元件的工作,设有挡油环套 5。挡油环套 5 两端分别放置于钻头背部 41 的环槽(图 5-6)和钻杆 8 端面的环槽(图 5-5)中。挡油环套 5 安装时,配有 Y 形密封圈 6。油液的压力作用于密封圈,具有油压越大,密封效果越好的特点。

如图 5-6 所示,钻头小直径段 44 直径较小,因此小直径段 44 和挡油环套 5 所对应的空间较大。如图 5-4、图 5-6 所示,固定于钻头背部 41 的内架 31 位于该空间,加力机构的前端也设置于该空间内。

从图 5-7 可以看出各孔之间的关系。

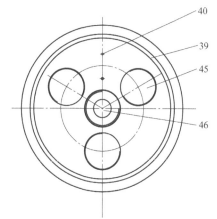

图 5-7　钻头后端视图

39—环槽；40—螺钉孔；

45—连接孔；46—钻头排屑孔

5.2.4 技术特点及有益效果

本技术方案具有以下特点。

（1）借助激光、立方体角锥棱镜、位置敏感探测器和姿态敏感探测器判断深孔加工刀具在加工过程中是否处于正确位置。位于钻头位置敏感探测器 18 之前的一号光源 16 发出的激光射向立方体角锥棱镜 30，经反射后平行回射至钻头位置敏感探测器 18。二号光源发出的激光穿过钻头姿态敏感探测器 19 的小孔射向反射镜 29，经反射后回射至钻头姿态敏感探测器 19。光斑信息可以实时显示，经过计算机运算转变为反映钻头位置的坐标值和反映钻头倾角的欧拉角。

（2）利用机械加力机构纠正钻头等深孔刀具的偏斜。根据深孔刀具的坐标值和欧拉角决定各个方位所需施加力的大小，由计算机控制加力机构的移动或旋转，施加所需的纠偏力，在不停机的情况下纠正钻头偏斜。

本技术方案具有以下有益效果。

（1）利用激光和光学镜的特性，在线检测内排屑深孔钻头 2 的位置和姿态变化，及时掌握工件 1 旋转、钻头 2 进给深孔加工的工作状态。钻头 2 的变化间接反映孔的质量。

（2）提供了及时纠正钻头 2 姿态偏差的技术方案。钻头 2 的特点是有"小直径段 44"。"小直径段 44"的存在，使调整钻头 2 姿态（即角度）变成可能。"小直径段 44"因其直径小，提供了安装光学镜的空间。本系统试图促进深孔加工纠偏难题的解决，提高深孔直线度及深孔相对于设计基准的平行度、垂直度、同轴度。

5.3 基于激光探测原理的深孔加工在线纠偏装置

5.3.1 技术领域与背景

通常情况下，深孔加工刀具刚性差，排屑困难，深孔轴线有时容易偏斜。目前，深孔加工人员常常只能通过听声音、看形貌、摸振动等方法判断深孔加工状态。上述方法都不能准确测出深孔轴线偏差，更不能及时纠正深孔刀具的偏斜。

本节提供一种解决深孔加工过程中难以检测深孔形位误差、难以纠正刀具偏斜的问题的技术方案：在工件旋转、深孔刀具进给的深孔加工过程中，利用激光探测方法实时检测深孔刀具位置，利用热胀冷缩原理自动调整深孔刀具位置，使其恢复到初始的正确位置。

5.3.2 装置原理

将热胀冷缩原理和单面前导向支撑结构应用于深孔加工过程，解决在线纠偏的技术难题。装置包括深孔刀具和刀杆等零部件。刀杆上安装有激光定向块、角锥棱镜支座、深孔刀具和内部有加热装置的金属块。激光光束经激光定向块定向后，平行于刀杆轴线入射，光束经角锥棱镜后形成返回光束到达位置敏感探测器。本技术方案能及时检测深孔刀具的偏斜并利用热胀冷缩原理纠正，提高所加工深孔的直线度和位置精度。

单面前导向：

如图 5-8 所示，刀杆 13 的一端固定于刀杆支架 18 上，另一端伸入芯套 5，构成单面前导向。芯套 5 上套有带锥度的胀套 3，胀套 3 位于主轴 2 的孔内，与孔壁接触。胀套 3 一端与紧固螺母 4 端面接触，紧固螺母 4 与芯套 5 的螺纹部分连接，位于主轴 2 的孔内。当主轴孔为锥孔时，芯套 5 与胀套 3 接触部分为圆锥或圆柱；当主轴孔为圆柱孔时，芯套 5 与胀套 3 接触部分为圆锥。胀套 3 轴向开有 3 条或 4 条等分的长槽，形成可以向心收缩的夹爪，使胀套 3 收缩成为可能，可以消除单面前导向的间隙。

纠偏部分：

如图 5 - 8、图 5 - 9 所示，在距离深孔刀具 9 不远处，在刀杆 13 上沿圆周方向均匀安装有 3 个或 3 个以上的金属块 10，每个金属块 10 内部都放有加热装置 22，金属块 10 顶部安装有由硬质合金构成的耐磨耐热块 21，金属块 10 及耐磨耐热块 21 形成的径向轮廓尺寸小于工件 7 已加工孔的直径。当加热装置 22 不发热时，金属块 10 不膨胀，其顶部的耐磨耐热块 21 与工件 7 内孔孔壁不接触；当加热装置 22 发热后，金属块 10 受热膨胀，其顶部的耐磨耐热块 21 与工件 7 内孔孔壁接触。金属块 10 位于工件 7 已加工孔的一侧。

检测部分：

如图 5 - 8、图 5 - 10 所示，在金属块 10 与工件 7 已加工深孔的端面之间安装有角锥棱镜支座 11，在角锥棱镜支座 11 上安装有角锥棱镜 12。对应于角锥棱镜 12 的高度范围内装有激光发射装置 15 和位置敏感探测器 16。激光发射装置 15 和位置敏感探测器 16 安装于外架 23 上，即位于工件 7 外部。外架 23 固定于机床床身 20。

激光发射装置 15 发出的入射光束，必须穿过激光定向块 24 上的小孔，称为定向，经过定向的入射光束基本平行于刀杆 13 初始轴线，入射光束穿过刀杆 13 与工件 7 的间隙，经过角锥棱镜 12 反射后形成返回光束，穿过刀杆 13 与工件 7 的间隙，到达位置敏感探测器 16，位置敏感探测器 16 上的光斑变化信息传递给计算机 17。

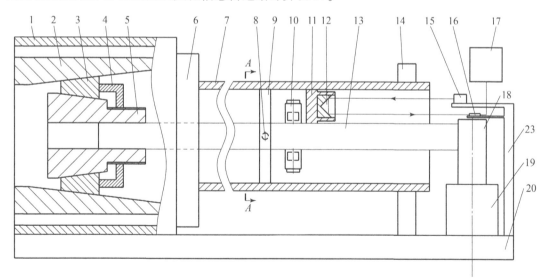

图 5 - 8　本技术方案的结构示意图

1—主轴箱；2—主轴；3—胀套；4—紧固螺母；5—芯套；6—夹持器；7—工件；8—紧固螺钉；

9—深孔刀具；10—金属块；11—角锥棱镜支座；12—角锥棱镜；13—刀杆，14—中心架；

15—激光发射装置；16—位置敏感探测器；17—计算机；18—刀杆支架；

19—溜板；20—机床床身；23—外架

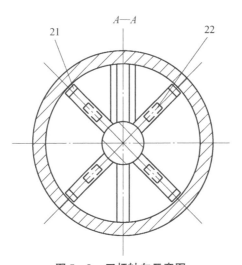

图 5 - 9　刀杆轴向示意图

21—耐磨耐热块；22—加热装置

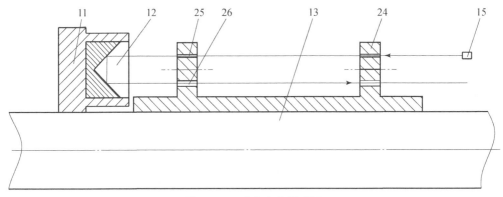

图 5 - 10　激光定向原理图

11—角锥棱镜支座；12—角锥棱镜；13—刀杆；15—激光发射装置；
24—激光定向块；25——号过光孔；26—二号过光孔

上述的激光定向块 24 安装于刀杆 13 上，位于角锥棱镜支座 11 与激光发射装置 15 之间，激光定向块 24 有两对过光孔，分别为一号过光孔 25、二号过光孔 26。

使用本装置时，需要经历调整激光光线的过程，即让光线穿过激光定向块 24 的一对一号过光孔 25 射入，光束经角锥棱镜 12 反射后，以平行于入射前的方向，从另一对二号过光孔 26 射出，激光光束与刀杆 13 的轴线基本平行。在调试激光方向时，采用激光定向块 24，调试完毕后，将激光定向块 24 保留或撤离。

检测与纠偏原理如下。

基本设计思路：刀具处于正确的位置，可以加工出合格的深孔。刀具偏离初始的正确位置后，难以加工出合格的深孔。使刀具恢复到初始正确位置，又可加工出合格的深孔。

该装置充分利用了激光、棱镜的特殊属性和热胀冷缩原理，能在线检测与纠正深孔刀具 9

的位置。当深孔刀具 9 偏离正确位置时，位置敏感探测器 16 上光斑位置发生变化，A/D 转换器将光斑位置变化量转化为数字信号，计算机 17 对信号进行处理。根据处理后的数据，计算机 17 输出控制信号，驱动电源输出一定的电能，使位于金属块 10 上的加热装置 22 发热，进而使对应的金属块 10 膨胀，金属块 10 顶部的耐磨耐热块 21 因此与工件 7 已加工的内孔孔壁接触，相互作用力使得刀杆及深孔刀具回到正确的初始状态。

工作过程：

当深孔刀具 9 右偏时，位于右侧的加热装置 22 加热，金属块 10 膨胀，金属块 10 顶部的耐磨耐热块 21 与工件 7 内孔孔壁接触，相互作用力使得深孔刀具 9 回到正确的位置。

同理，当深孔刀具 9 左偏时，位于左侧的加热装置 22 加热，使深孔刀具 9 回到正确的位置。总之，在本装置中使一个或一个以上的加热装置加热，可实现在不停机的情况下纠正深孔刀具 9 的偏斜，所需纠偏量的大小，通过调节加热温度保证。

5.3.3 装置结构

如图 5-8 所示，本技术方案通过工件 7 旋转、深孔刀具 9 进给来加工深孔，刀具进给方向沿着深孔轴线。主轴箱 1 内有主轴 2，主轴上的夹持器 6 夹紧工件 7，工件另一端由中心架 14 支撑，工件由机床带动旋转。深孔刀具 9 为镗刀、铰刀、钻头、珩磨头，刀具通过紧固螺钉 8 固定在刀杆 13 上，刀杆安装于刀杆支架 18。刀杆支架 18 固定于溜板 19 上，溜板 19 放置在机床床身 20 上。

除上述零部件外，装置其他主要零件有胀套 3、紧固螺母 4、芯套 5、金属块 10、角锥棱镜支座 11、角锥棱镜 12、激光发射装置 15、位置敏感探测器 16、计算机 17、耐磨耐热块 21、加热装置 22、外架 23、激光定向块 24 等。

5.3.4 技术特点及有益效果

本技术方案具有以下特点。

（1）提出利用热胀冷缩原理纠正深孔刀具的偏斜。刀杆 13 上沿圆周均匀安装多个金属块 10，各个金属块内部均有加热装置 22，顶部均固定有耐磨耐热块 21，各金属块及与其固连的耐磨耐热块所形成的径向轮廓尺寸小于工件 7 已加工深孔的直径，通常情况下耐磨耐热块与深孔孔壁不接触。当深孔刀具发生偏斜时，根据需要使一个或多个加热装置加热，金属块受热膨胀，其顶部的耐磨耐热块与工件深孔孔壁接触，深孔孔壁通过金属块向刀杆施加作用力，使得深孔刀具恢复到正确的位置。

（2）深孔刀具、刀杆采用结构紧凑的单面前导向支撑。主轴箱主轴 2 的孔内有胀套 3，胀套 3 内有芯套 5，刀杆 13 的一端伸入芯套 5 的孔内，另一端固定于刀杆支架 18 上，因此，芯套 5 成为刀杆的前导向支撑。本技术方案实质上是以机床主轴孔作为刀杆的一个支撑，不仅结构简单，且定位精度高。

（3）加热装置 22 为电阻加热器或电磁加热器或红外线加热器。

尤其值得强调的是，本技术方案通过金属块 10 的热胀冷缩纠正深孔刀具 9 的偏斜，只需将电线引向电阻等元件，结构非常紧凑。

本技术方案具有以下有益效果。

（1）本装置利于提高所加工深孔的直线度和位置精度。激光发射装置 15、位置敏感探测器 16 位于外架 23 上，避免了加工过程中高温的不良影响。如将激光发射装置或位置敏感探测器置于孔内，受高温的影响，难以达到本装置的检测效果。本装置充分利用了角锥棱镜对激光的平行回射特性，所以能够达到上述效果。

（2）通过观察计算机 17 显示的数据，实时掌握深孔刀具 9 的位置变化，判断深孔加工的工作状态和孔的质量。

（3）当深孔刀具 9 偏斜后，可及时纠正其位置偏差。

5.4　滚动支撑刀杆的在线纠偏装置

5.4.1　技术领域与背景

深孔加工过程中造成深孔偏斜的主要原因有两点：①被加工材料的不均匀使刀头偏斜造成深孔偏斜；②刀杆的长度较长和刀具进给轴向力的作用使得刀杆弯曲，造成深孔偏斜。

丝杠传动可以把旋转运动变为直线运动，其既可以传递能量或动力，也可以用来传递运动或调整零件的相互位置。因此，在机床、起重设备、锻压机械、测量仪器、船舶、飞机及火炮、火箭发射装置等传动机构中都引用了丝杠副。滚珠丝杠与滑动丝杠相比，用滚动摩擦代替了滑动摩擦，具有以下特点。

（1）摩擦损失小、传动效率高。其传动效率可以达到 90%～96%，为滑动螺旋机构的 2～3 倍。

（2）磨损小、寿命长。滚动摩擦的磨损很小，具有良好的耐磨性，工作寿命长。

（3）轴向刚度较高。可以完全地消除传动间隙，而不影响丝杠运动的灵活性。

（4）摩擦阻力小、运动平稳。由于是滚动摩擦，动、静摩擦系数相差极小，其摩擦阻力几乎和速度无关，而且静止摩擦力极小，启动力矩与运动力矩近乎相等，因而灵敏度高、运动较平稳、启动时无颤动、低速时无爬行现象。

针对深孔加工过程中刀具容易偏离理想位置这一技术难题，本节提出相关解决方案，防止刀具的偏斜，使刀具尽可能处于正确位置，提高深孔加工成品率及加工精度。

5.4.2　装置原理

本技术方案借鉴了滚珠丝杠的设计原理。滚珠丝杠广泛应用于机床的进给传动装置中，这种滚动支撑刀杆的在线纠偏装置利用刀杆的旋转带动支撑连接装置上螺母沿导轨的轴向移动，两者具有相似之处。

如图 5-11 所示，一种滚动支撑刀杆的在线纠偏装置包括刀头 2、固定支撑组件 3、刀杆 4、移动支撑组件 5、支撑连接套 6、输油器 7、导轨 8、螺母部分 9、进油口 10。刀头 2 在工件 1 内做进给运动，刀头 2 与刀杆 4 固定连接，固定支撑组件 3 上有固定支撑，移动支撑组件 5 上有移动支撑，固定支撑组件 3 和刀杆 4 固定连接，固定支撑和移动支撑与工件内孔孔壁相接触。刀杆 4 内部有通孔，切削液从输油器 7 的进油口 10 被压入，沿着支撑连接套 6 与工件 1 的间隙流向刀头，流过移动支撑组件 5 的移动支撑和固定支撑组件 3 的固定支撑的间隙，然后在刀头位置携带切屑从刀杆 4 的内孔流出，同时起到润滑和降温的作用。

固定支撑组件 3 位于刀头 2 与移动支撑组件 5 之间。深孔加工造成偏斜的主要原因之一就是由于材料的质地、密度、硬度的不均匀或者被加工材料有气泡等造成刀头 2 导向条发生偏移，使切削刃受力不平衡导致刀头 2 发生偏斜，固定支撑组件 3 可以弥补传统单一导向条容易偏斜的缺点，当位于刀头 2 上的导向条发生偏斜时，固定支撑组件 3 可以提供纠偏力使刀头 2 的轴线与被加工深孔轴线保持重合。

移动支撑组件 5、支撑连接套 6、螺母部分 9 套在刀杆 4 上能够相对于刀杆螺旋式运动，刀杆 4 远离刀头 2 的一半长度加工有螺纹，刀杆上的螺纹与螺母部分 9 以及中间的滚珠配合构成滚珠丝杠结构；刀杆 4 接近刀头 2 的一半长度没有螺纹，移动支撑组件 5、支撑连接套 6、螺母部分 9 与刀杆 4 紧密接触起到密封的作用，使切削液不会从刀杆 4 和支撑连接套 6 之间流出；移动支撑组件 5、支撑连接套 6、螺母部分 9 与刀杆 4 紧密配合，增强了刀杆 4 的强度和抗弯曲能力。如图 5 – 12 所示，开始加工时移动支撑组件 5 和固定支撑组件 3 接触。如图 5 – 13 所示，加工结束时移动支撑组件到达刀杆的中部，螺母部分位于刀杆的右端。

如图 5 – 11 所示，输油器 7 固定于机架，导轨 8 加工在输油器 7 上，导轨穿过螺母部分 9 上设置的导向孔，使移动支撑组件、支撑连接套、螺母部分只能沿导轨 8 做轴向移动。在加工时工件 1 做高速旋转，刀杆 4 做低速旋转同时做进给运动，加工时控制刀杆 4 的转速，使移动支撑组件、支撑连接套、螺母部分有与刀杆进给速度 V_1 方向相反的速度 V_2，V_2 的大小是 V_1 的一半，两个速度叠加使刀杆 4 的进给速度是移动支撑组件、支撑连接套、螺母部分相对于地面进给速度的两倍，方向与进给速度方向相同，这样移动支撑组件 5 始终保持在被加工深孔轴线长度的中部。因为深孔加工造成偏斜的主要原因之一是由于轴向进给力的作用使得刀杆 4 容易发生弯曲，在刀杆 4 的中部位置弯曲程度最大，移动支撑组件 5 在深孔加工过程中始终位于被加工深孔轴向长度的中点，使刀杆 4 的轴线与被加工深孔的轴线保持重合。

滚动支撑刀杆的在线纠偏装置固定支撑和移动支撑顶端都安装有圆珠，圆珠镶嵌在支撑组件的内部，圆珠可以自由转动。圆珠与被加工深孔内壁接触并且为滚动摩擦，加工过程中因为有切削液，圆珠和被加工深孔内壁之间会产生油膜，形成弹性流体动力润滑，降低了摩擦阻力，还可以起到散热、减小接触应力、吸收震动、防止腐蚀等作用，具体参见高等教育出版社出版的邱宣怀主编的《机械设计（第四版）》的第 396 页。如图 5 – 14 所示，固定支撑圆珠和移动支撑圆珠的个数为三个或三个以上。

5.4.3　装置结构

图 5 – 11 为滚动支撑刀杆的在线纠偏装置总装配图；图 5 – 12 为移动支撑组件截面图；图 5 – 13 为一种钻杆支撑装置开始加工位置图；图 5 – 14 为一种钻杆支撑装置加工结束位置图。

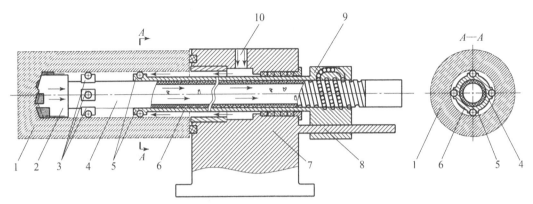

图 5 – 11   一种滚动支撑刀杆的在线纠偏装置总装配图

1—工件；2—刀头；3—固定支撑组件；4—刀杆；5—移动支撑组件；6—支撑连接套；

7—输油器；8—导轨；9—螺母部分；10—进油口

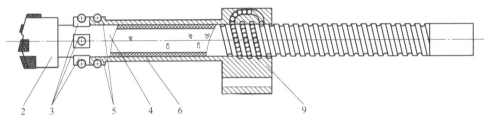

图 5 – 12   一种移动支撑组件截面图

2—刀头；3—固定支撑组件；4—刀杆；5—移动支撑组件；6—支撑连接套；9—螺母部分

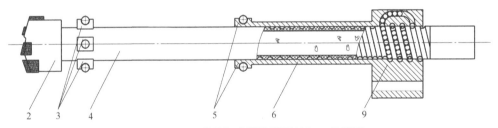

图 5 – 13   一种钻杆支撑装置开始加工位置图

2—刀头；3—固定支撑组件；4—刀杆；5—移动支撑组件；6—支撑连接套；9—螺母部分

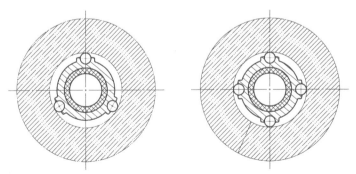

图 5 – 14   一种钻杆支撑装置加工结束位置图

5.4.4　技术特点及有益效果

本技术方案具有以下特点：通过设计固定支撑组件与移动支撑组件，利用滚珠丝杠的原理，使得移动支撑组件 5 始终保持在被加工深孔的中部以维持刀杆 4 的轴线与被加工深孔的轴线重合。

本技术方案具有以下有益效果：滚动支撑刀杆的固定支撑和移动支撑顶端都安装有圆珠，圆珠和被加工深孔内壁之间会产生油膜，形成弹性流体动力润滑，降低了摩擦阻力，还可以起到散热、减小接触应力、吸收震动、防止腐蚀等作用。

5.5　基于激光探测与外置加力阵列的校直方法

5.5.1　技术领域与背景

铜、钢质金属细长管件广泛应用于各类机械设备上。管的加工方法分拉制和车制。机加工过程中容易产生应力和加工误差，管件存在弯曲变形。拉制的管直线度也不高。对内孔的直线度和同轴度要求高的管件还要进行校直。传统方法是以管外圆为基准进行校直。因为存在原理性误差，校直以后管内孔直线度也难以很好保证。因此，对内孔直线度要求高的管件，应以内孔为基准来校直。但有的内孔直径小，测量内孔比较困难，校直也有难度。

现有技术中，校直管件在能够加载的机床上或其他机械设备上进行，被校管用两块 V 形垫铁架在工作台上，把压力头调到适当位置，先使用百分表、千分表测量孔的直线度，然后根据读数大小，给予适当压力，这样反复进行，使管件直线度能达到需要的结果。这种方法检测与校直精度低、工效不高。

本技术方案利用光学原理检测孔直线度或其他形位误差，能够提高加力的科学性，更方便地校直带孔工件。

5.5.2　装置原理

参照图 5-15 对本技术方案的原理进行介绍。滑动体 2 可沿导向体 1 线性滑动，带孔工件 3 固定于滑动体 2 上，带孔工件 3 的轴线与滑动体滑动方向平行。沿带孔工件 3 表面的长度方向和圆周方向分布有多个专用加力器，形成专用加力器阵列。

支座 4 上安装有球副 5，探测杆 9 一端固定于球副 5 上，能够随探测头与孔接触部位相对导向基准的变化而摆动；其另一端安装有探测头 10，探测头 10 与孔壁接触，能够自动适应孔径的变化，且可实现自定心，用于维持探测头 10 的圆心处于探测头所在带孔工件截面位置的圆心处。光发射器 7 与探测杆 9 固连且光线可随探测杆的摆动而摆动，探测杆上还安装有防转装置 6，用于限制探测杆 9 的旋转。在孔外还设置有光接收器 11，光发射器 7 射出的光线可照射在光接收器 11 上，光接收器 11 上的光斑位置由探测杆 9 的摆动决定。显示器和运算器等装置用于处理与显示光斑位置或其变换后的信息。

本技术方案在一次检测中，光发生器到光接收器之间的距离是不变的，光线的长度大于或小于或等于工件的长度。

根据所测量各个加力部位偏离理想位置的误差，使用加力器在带孔工件的各个部位施加相应的力，误差大则施加的力大，误差小则施加的力小。

探测装置摆动的支点位于孔的任意一端，其他零件位置随支点位置而变动；所述的导向基准为机床导轨或其他导向物体，所述的驱动装置为机床溜板或其他驱动物体。

探测杆或其延伸、放大部分外轮廓和防转装置内轮廓具有圆形以外的横截面，当防转装置固定时，两者相对旋转运动受到限制；或者防转装置向探测杆或其延伸、放大部分施加电磁力，电磁力力矩主分量与探测杆绕孔轴线旋转的趋势相反；或者防转装置为弹性体，向探测杆或其延伸、放大部分施加摩擦力，摩擦力力矩主分量与探测杆绕孔轴线旋转的趋势相反。

探测杆是整体或分体式，分体式探测杆能够被拆开，拆开后能够被组装为整体；探测头设有通孔，或者探测头与孔壁有间隙，当光线从孔的内部射向光接收器时，光线穿越所述的通孔或间隙。

本技术方案主要包括光学装置与加力装置，光学装置用于检测孔的直线度，获取孔轴线模型；加力装置根据孔轴线参数对零件外表面进行阵列加力，对孔轴线进行校直。

对上述技术方案做进一步说明：

读数装置显示光斑位置变化或其变换后的数据，这些数据与孔所存在的形状、位置误差的大小有关。

带孔工件可以卧式放置或立式放置，相关装置和零件应根据带孔工件放置的方式做相应调整。这是现有技术能够做到的。

探测杆为整体时，制造容易，但放置工件时，有时不是十分方便。探测杆为分体式结构时，拆开探测杆，可以比较容易地放置工件，放置工件后，将探测杆组装为整体使用。

可借助力的作用防止探测杆旋转。例如，让探测杆外部或其延伸、放大部分与弹性材料接触，这些材料与弹性杆表面的摩擦力很大，能够通过摩擦力阻止探测杆的旋转。同时，这些弹性材料容易变形，不会影响探测杆绕支点的运动。

还可以通过电磁力防止探测杆旋转。例如，探测杆或其延伸、放大部分受到电磁力，电磁力力矩主分量与探测杆绕孔轴线旋转的趋势相反。

采用普通加力器时，加力器数量、加力点、加载方式由现有技术得到。专用加力器、探测装置与运算器相连。

5.5.3　装置结构

图5-15为基于激光探测与外置加力阵列的校直方法的示意图。

5.5.4　技术特点及有益效果

本技术方案具有以下特点。

（1）在带孔工件的校直过程中引入激光检测装置，通过检测结果，使用加力器对工件的不同部位施加不同程度的校直力，可更加准确地对工件进行校直。

（2）在一次检测过程中，光发射器到光接收器之间的距离是不变的。

本技术方案具有以下有益效果。

（1）当光线的长度大于工件的长度时，可以将误差显示得更为明显，即可以将误差放大后显示。

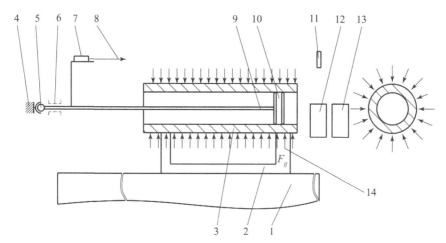

图 5 – 15　基于激光探测与外置加力阵列的校直方法的示意图

1—导向体；2—滑动体；3—带孔工件；4—支座；5—球副；6—防转装置；7—光发射器；8—光线；
9—探测杆；10—探测头；11—光接收器；12—显示器；13—运算器；14—加力器所加的力

（2）通过获得相对于基准的孔的轴线上各部位的位置，可求得孔轴线的直线度，还可以借助现有技术获得孔相对于其定位基准的其他形位误差，如垂直度、平行度、倾斜度等。

（3）采用阵列分布式专用加力器或现有技术中的普通加力器，适应范围广。

第6章

深孔检测方法与装置设计

深孔轴线直线度不便于测量，本章提供几种测量深孔轴线直线度的检测装置及检测方法。

6.1 一种孔轴线直线度激光检测装置

6.1.1 技术领域与背景

深孔加工过程受到多方面因素的影响，如刀杆变形、系统颤振、油压波动、铁屑堵塞、工件材质不均、钻头参数变化等。在上述因素的干扰下，零件深孔轴线容易出现偏斜现象。因此，对深孔轴线的直线度进行检测是必要的。

深孔加工常常服务于大型、重型装备制造行业，深孔轴线的偏斜将影响装备制造业的发展，也限制了深孔向其他领域的拓展，所以加强深孔直线度的检测与控制，是深孔加工的重要方面。

随着现代科学技术的发展，深孔检测技术也得到发展，但深孔检测仍有不少难题，深度2 m以上深孔直线度检测是难题之一。

6.1.2 检测原理

本装置利用激光和位置敏感探测器检测深孔实际轴线相对于理论轴线的微位移变化和微转角变化。利用光斑在位置敏感探测器上的位置变化计算孔轴线直线度误差值。其特点是，利用楔形结构实现检测装置的自定心，利用两束激光和两个传感器同时采集微位移及微转角。

如图6-1所示，工作过程中，深孔零件1的轴线处于水平位置。起检测作用的零部件在拉绳31的作用下在零件的深孔内移动。内激光发射器11、外激光发射器29发出激光。检测时，位移位置敏感探测器12和转角位置敏感探测器24探测光斑的变化。如果光斑无变化，表明深孔轴线为理想的直线；如果光斑变化较大，表明深孔轴线直线度误差较大。光斑变化量经模拟量与数字量的转换，即A/D转换，由计算机系统26进行处理运算，获得深孔实际轴线相对于理论轴线每点处的微位移变化和微转角变化，求出深孔直线度误差，并以三维图像和数据表的形式呈现在显示屏上，方便人工读出。

组成与功能：

如图6-1所示，检测装置主要零件为：T型拉杆5、前弹簧18、中弹簧6、后弹簧9、第一楔形体3、第二楔形体7、第一楔形件15、第二楔形件13、面板10、位移位置敏感探测

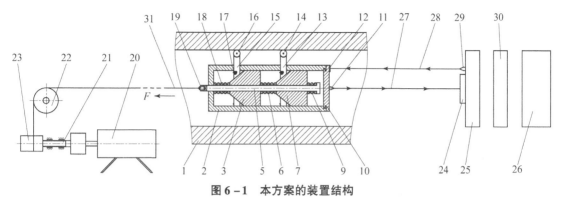

图 6 - 1　本方案的装置结构

1—深孔零件；2—套筒；3—第一楔形体；5—T 型拉杆；6—中弹簧；7—第二楔形体；9—后弹簧；10—面板；
11—内激光发射器；12—位移位置敏感探测器；13—第二楔形件；14—右滚轮；15—第一楔形件；
16—左滚轮；17—销钉；18—前弹簧；19—拉钉；20—电机；21—卷轴；22—定滑轮；23—滚筒；
24—转角位置敏感探测器；25—支架；26—计算机系统；27—1 号光线；28—2 号光线；
29—外激光发射器；30—A/D 转换器；31—拉绳

器 12、内激光发射器 11、转角位置敏感探测器 24 和外激光发射器 29 等零件。

套筒 2 和面板 10 固接，面板 10 可以是快换式面板，也可以是固定式面板。面板 10 放置了位移位置敏感探测器 12 和内激光发射器 11。弹簧、T 型拉杆和楔形体等关键零件位于套筒 2 内部。

T 型拉杆 5 穿过第一楔形体 3 和第二楔形体 7 中间的孔，前弹簧 18、中弹簧 6 和后弹簧 9 套在 T 型拉杆 5 上，且被第一楔形体 3 和第二楔形体 7 隔开。第一楔形件 15 与第一楔形体 3 之间倾斜接触，斜角控制在 10°~80°；第二楔形件 13 与第二楔形体 7 之间倾斜接触，斜角控制在 10°~80°。第一楔形体 3 与第一楔形件 15 之间的接触形式可以是面接触，也可以是线接触；第二楔形体 7 与第二楔形件 13 之间也采用相同的接触形式。

销钉 17 安装于第一楔形件 15，确保楔形件不会从套筒 2 中脱落，销钉可以是普通销钉，也可以是弹簧销钉。

拉绳 31 绕过定滑轮 22，连接在拉钉 19 上，从而将电机 20 的动力传递给 T 型拉杆 5，定滑轮 22 改变拉绳 31 传动方向，使电机安装适应性更强。

左滚轮 16 和右滚轮 14 均沿周向分布，与深孔零件 1 的孔壁接触，可绕自身轴转动，数量为 3 个或 3 个以上。左滚轮 16 和右滚轮 14 可绕自身轴转动，使装置工作时，滚轮与深孔零件 1 的孔内壁之间为滚动摩擦，有利于减小摩擦阻力，提高检测精度。

检测装置自适应原理：

如图 6 - 1 所示，检测装置自动适应深孔直径微量变化的原理如下：设备在拉绳 31 的作用下，通过 T 型拉杆 5 使三个弹簧处于压缩状态，推动楔形体移动，顶起楔形件，将左滚轮 16 和右滚轮 14 压紧在深孔零件 1 的内孔壁上，从而保证工作过程良好接触。检测过程中，当孔径变大时，楔形体使得滚轮向外移动，适应于孔径的增加。当孔径变小时，深孔孔壁迫使滚轮向内移动，由于轴向布置有弹簧，楔形体向右运动。设计时注意楔形角数值的选择，应避开其自锁角度。

激光与传感器设置：

内激光发射器 11 和位移位置敏感探测器 12 固定在面板 10 上，转角位置敏感探测器 24

和外激光发射器 29 固定安装在支架 25 上。

位移位置敏感探测器 12 接收外激光发射器 29 发出的光线，用来检测零件孔的实际轴线相对于理论轴线的微位移变化。工作时，若实际轴线相对于理论轴线只有微位移变化，光斑在位移位置敏感探测器 12 上产生一个变动量，该变动量就是微位移变化。

转角位置敏感探测器 24 接收内激光发射器 11 发出的光线，可检测零件孔的实际轴线相对于理论轴线的微转角变化。工作时，若实际轴线相对于理论轴线只有微转角变化，光斑在转角位置敏感探测器 24 上产生一个变动量，根据反射放大原理，采用正切函数即可将该变动量转换为微转角变化。在一般情况下，转角位置敏感探测器 24 检测到的变化是轴线发生微位移与微转角情形下的合成量，通过数学运算，可以分解。

转角位置敏感探测器 24 和位移位置敏感探测器 12 与 A/D 转换器 30、计算机系统 26 相连。

6.1.3　装置结构

本方案的装置结构如图 6 – 1 所示。

6.1.4　技术特点及有益效果

本技术方案具有以下特点。

（1）装置能自动适应深孔直径变化。利用弹簧、楔形体、楔形件使装置能够自动适应深孔直径的微量变化。装置包括前弹簧 18、中弹簧 6、后弹簧 9、第一楔形体 3、第二楔形体 7、第一楔形件 15、第二楔形件 13。T 型拉杆 5 穿过两个楔形体中间的孔，三根弹簧套在 T 型拉杆 5 上，且被第一楔形体 3 和第二楔形体 7 隔开。楔形件与楔形体之间倾斜接触。

（2）采用双激光和双敏感探测器。转角位置敏感探测器 24 接收内激光发射器 11 发出的光线，位移位置敏感探测器 12 接收外激光发射器 29 发出的光线，转角位置敏感探测器 24 和位移位置敏感探测器 12 光斑变化信息由计算机显示。

本技术方案具有以下有益效果：集机、电、光于一体，采用激光技术和位置敏感探测器，构建基于弹簧质量体系的楔形定心装置，结构简单，成本低廉，使用方便。检测装置可以全程动态检测深孔实际轴线相对于理论轴线的微位移变化和微转角变化，这是现有深孔直线度检测技术难以做到的。

6.2　一种带液性塑料的孔直线度检测装置

6.2.1　技术领域与背景

本书 6.1 节介绍了 "一种孔轴线直线度激光检测装置"，起检测作用的零部件在深孔内移动时，与深孔孔壁之间的摩擦力全部为滚动摩擦。当全部为滚动摩擦时，有时不利于控制相对运动的速度。

除本书 6.1 节所介绍的方法外，国内外在深孔直线度检测方面也有不少研究。但是相对长度测量而言，直线度检测技术显得不足。到目前为止，在孔轴线直线度检测方面，尚没有适用于超长深孔轴线直线度误差检测的成熟产品。实际生产中，检验人员经常用卡尺在孔的两端沿不同径向方向测量深孔零件的壁厚，通过比较壁厚间接判定深孔轴线直线度误差大小。这种方法不容易或难以准确测得深孔内部轴线偏差，也难以实现对深孔零件直线度的全程连续动态检测，检测精度差，容易陷入以点概面的误区。

本节利用激光准直原理检测深孔直线度，注意提高检测设备运行的稳定性，有效控制检测装置与深孔内壁的正压力、摩擦力和相对运动速度，减少检测过程中的振动。

6.2.2　检测原理

本技术方案利用激光准直原理检测深孔轴线直线度，根据光敏元件上光斑的变动量求深孔轴线直线度误差。将液性塑料与楔形结构结合实现装置的自定心功能，同时，通过设置滑动摩擦控制检测装置运行速度，提高设备运行的稳定性及检测方案的可靠性。

基本工作原理：

如图6-2所示，装置工作时，深孔零件1轴线处于水平位置。内激光发射器12、外激光发射器35发出激光，位移位置敏感探测器15、转角位置敏感探测器30接受激光。检测过程中，探测器上光斑变化小，表明深孔直线度误差小，探测器上光斑变化大，表明深孔直线度误差大。

先旋转拉杆18左侧，使楔形体4左移，顶起楔形件20，将沿圆周分布的3个滚轮19压紧在深孔零件1的内孔壁上。然后，旋转调节螺钉13，则液性塑料16膨胀，弹性套8与深孔零件1的内孔壁接触。调整完成后，拉绳25拉动拉环24，装置左移。移动过程中，位移位置敏感探测器15和转角位置敏感探测器30探测到的光斑变化量经模拟量与数字量的转换，即A/D转换，由计算机系统32进行处理运算，获得深孔实际轴线相对于理论轴线每点处的微位移变化和微转角变化，求出深孔轴线直线度误差，由计算机显示。

组成与功能：

检测装置的主要零件为：拉杆18、楔形体4、楔形件20、面板10、端盖23、液性塑料16、弹性套8、连接螺钉6、位移位置敏感探测器15、内激光发射器12、调节螺钉13、转角位置敏感探测器30和外激光发射器35等零件。

弹性套8套在基座9外周，随液性塑料16的膨胀而膨胀，撑起弹性套8，使其与深孔零件1的孔壁保持接触。液性塑料16密封于承压件14、测头主体17、弹性套8和基座9之间，通过调节螺钉13，即可起到改变液性塑料16膨胀力的作用。

拉杆18右端与楔形体4螺纹连接。拉杆18在拉绳25的作用下，做水平向左的运动，带动楔形体4左移，顶起楔形件20，从而确保滚轮19与深孔零件1的孔内壁始终接触。滚轮19沿周向分布，数量为3个或3个以上。滚轮轮廓与所检测的深孔内壁相适应并保持良好接触。滚轮19可绕自身轴线转动，使装置工作时，滚轮与深孔零件1的深孔内壁之间为滚动摩擦，有利于减小摩擦阻力。

套筒3和测头主体17通过连接螺钉6连接为一体，面板10和测头主体17固连，面板10可以是快换式面板，也可以是固定式面板。面板10放置位移位置敏感探测器15和内激光发射器12。

销钉21安装于楔形件20，防止楔形件20从套筒3中脱落。

楔形件20与楔形体4之间倾斜接触，可采用面接触或线接触形式，倾角控制在10°~80°。

楔形体4被右销钉5卡住，以避免其绕自身轴线旋转；端盖23固接在套筒3左侧。旋转拉杆 18 左端可对滚轮进行调整，使滚轮与深孔内壁保持合适的压力。旋转调节螺钉 13 可对弹性套 8 进行调整，使弹性套 8 与深孔内壁保持合适的压力。待滚轮与弹性套调好以后，牵引拉环 24，使装置整体左移，实现检测。

拉绳 25 绕过定滑轮 29 连接在拉环 24 上，从而将电机 26 的动力传递给拉杆 18。定滑轮 29 改变拉绳 25 的传动方向，使电机安装适应性更强。

激光与传感器设置：

内激光发射器 12 和位移位置敏感探测器 15 固定在面板 10 上，转角位置敏感探测器 30 和外激光发射器 35 固定安装在支架 31 上。

位移位置敏感探测器 15 接收外激光发射器 35 发出的光线，用来检测零件孔的实际轴线相对于理论轴线的微位移变化。工作时，若实际轴线相对于理论轴线只有微位移变化，光斑在位移位置敏感探测器 15 上产生一个变动量，该变动量就是微位移变化。

转角位置敏感探测器 30 接收内激光发射器 12 发出的光线，可检测零件孔的实际轴线相对于理论轴线的微转角变化。工作时，若实际轴线相对于理论轴线只有微转角变化，光斑在转角位置敏感探测器 30 上产生一个变动量，根据反射放大原理，采用正切函数即可将该变动量转换为微转角变化。在一般情况下，转角位置敏感探测器 30 检测到的变化是轴线发生微位移与微转角情形下的合成量，通过数学运算，可以分解。

6.2.3 装置结构

本方案的装置结构如图 6-2 所示。

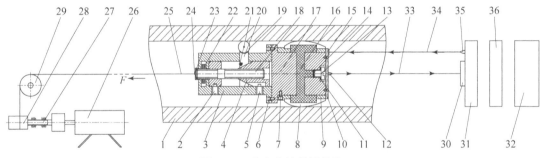

图 6-2 本方案的装置结构

1—深孔零件；2—销钉；3—套筒；4—楔形体；5—右销钉；6—连接螺钉；7—固定螺钉；8—弹性套；9—基座；
10—面板；11—垫圈；12—内激光发射器；13—调节螺钉；14—承压件；15—位移位置敏感探测器；
16—液性塑料；17—测头主体；18—拉杆；19—滚轮；20—楔形体；21—销钉；22—螺钉；
23—端盖；24—拉环；25—拉绳；26—电机；27—卷轴；28—滚筒；29—定滑轮；
30—转角位置敏感探测器；31—支架；32—计算机系统；33—1 号光线；
34—2 号光线；35—外激光发射器；36—A/D 转换器

6.2.4 技术特点及有益效果

本技术方案具有以下特点。

(1) 利用激光和位置敏感探测器光斑的变化检测深孔直线度时，将液性塑料与楔形结构结合实现装置的自定心。液性塑料 16 膨胀，向外撑起弹性套 8，因此弹性套 8 与深孔零件 1 的孔壁保持接触。液性塑料 16 被密封于一个容器内，通过调节螺钉 13，可改变液性塑料 16 膨胀力。

（2）在直线度检测过程中，分别发挥滑动摩擦与滚动摩擦的作用。弹性套 8 与深孔内壁为滑动摩擦。除弹性套外，还设置有滚轮 19 与深孔内壁接触。滚轮与深孔零件 1 深孔内壁之间为滚动摩擦。分别控制滑动摩擦和滚动摩擦可以更好地控制检测过程中装置的运动。

本技术方案具有以下有益效果：综合应用机械、电子、光学技术，解决深孔直线度检测的难题。利用液性塑料实现检测装置的自定心，其作用力均匀、自定心精度高。通过分别控制弹性套、滚轮与深孔内壁的法向力与摩擦力，可更为有效地控制检测装置的运动。

6.3　一种立式深孔直线度激光检测装置

6.3.1　技术领域与背景

直线度误差小的零件在与其他零件配合使用时能发挥出更好的性能，提高总装精度。因此，深孔零件实际轴线相对于理论轴线的偏差是深孔加工必须考虑的一项基本指标。直线度检测贯穿于整个深孔加工过程中，是深孔加工控制产品质量的重要方面。

目前国内缺少专用的高精度深孔直线度检测仪，国外有功能比较接近的相关检测仪器，但其结构复杂、价格昂贵，不能或不适合直接用于检测深孔零件。因此，有必要研究简单实用的深孔直线度检测仪。

下面介绍三种基于激光准直原理的深孔直线度检测方案，分析其各自的不足。

方案一：

本书图 6 - 1、图 6 - 2 是基于激光准直原理的卧式深孔直线度检测仪器，均采用两套激光发射器和两套光学位置敏感探测器分别检测装置的位移与转角，能够比较全面地检测深孔的内部轴线变化。

此方案的缺点是装置结构比较复杂、数学运算过程较繁琐。

方案二：

仅仅在深孔外放置一个激光发射器，在深孔内放置一个光敏探测器，这种方案可以检测深孔直线度。

此方案也有缺点，光敏探测器与计算机连接的线束也在深孔内移动，线束容易遮挡光线，不仅如此，线束也容易发生磨损、接触不良等问题，还给实际操作带来诸多不便。

方案三：

仅仅在深孔内放置一个激光发射器，在深孔外放置一个光敏探测器。

此方案不可用于检测深孔直线度。其原因是检测装置在深孔内运动时，检测装置不仅会有位移，还会有转动。

具体说，如图 6 - 1、图 6 - 2 所示，起检测作用、位于深孔内的元件或其整体可能绕垂直于纸面的轴线旋转。检测过程中即使检测装置几何中心不变，检测装置所发生的旋转，也将使位于深孔外部的光斑的位置变化。因此，如果采用这种方案，产生光斑变化的原因难以区分，即难以确定光斑变化源于检测装置的位移还是旋转。所以，仅仅在深孔内放置一个激光发射器，在深孔外放置一个光敏探测器，不能检测深孔直线度。

总之，上述三种方案各自均有不足之处。

利用激光准直原理检测深孔直线度，能够克服上述方案的不足，采用单个激光发射器和单个光学位置敏感探测器，简化检测仪器的结构，求解深孔轴线直线度的数学运算过程。

6.3.2　检测原理

本技术方案利用激光和位置敏感探测器检测深孔轴线直线度。与之前方案不同的是：检测过程中零件深孔竖直放置，将重力作用引入检测装置中。设置单束激光、单个位置敏感探测器。利用位置敏感探测器上光斑的变化和装置竖直方向位移，求出深孔直线度误差。通过计算机系统处理，拟合出一条孔轴线的空间曲线。

基本工作原理：

如图 6-3 所示，深孔零件 1 轴线位于竖直方向。激光发射器 11 悬挂于检测装置零件重块 8 下方，可上下移动，并发出激光。保持静止的位置敏感探测器 24 接收激光发射器 11 发出的光线。根据其光斑的变化量，求深孔直线度。当光斑变化量为 0 时，深孔轴线为理想直线。光斑变化量越大，深孔轴线直线度误差越大。

设备在拉绳 31 的作用下，通过 T 型拉杆 5 使 3 个弹簧处于压缩状态，推动楔形体移动，顶起楔形件，将上滚轮 16 和下滚轮 14 压紧在深孔零件 1 的内孔壁上，使工作过程中保持良好接触。

检测中当孔径变大时，楔形体使得楔形件及滚轮向外移动，适应于孔径的增加。当孔径变小时，深孔孔壁迫使楔形件及滚轮向内移动。由于楔形角避开自锁角度，加之轴向布置有弹簧，这种运动是可以实现的。

检测位置敏感探测器 24 光斑变化量。各变化量对应于深孔实际轴线相对于理论轴线每点处的横向微位移变化。经数模转换即 A/D 转换，并经计算机系统 26 运算处理，求得深孔轴线直线度误差值，还可拟合出一条深孔轴线的空间曲线。

6.3.3　装置结构

装置结构（图 6-3）主要零件为：T 型拉杆 5、上弹簧 18、中弹簧 6、下弹簧 9、上楔形体 3、下楔形体 7、上楔形件 15、下楔形件 13、面板 10、吊绳 12、重块 8、激光发射器 11 和位置敏感探测器 24。

T 型拉杆 5 穿过上楔形体 3 和下楔形体 7 中间的孔，上弹簧 18、中弹簧 6 和下弹簧 9 套在 T 型拉杆 5 上，且被上楔形体 3 和下楔形体 7 隔开。T 型拉杆 5 在拉绳 31 的作用下，做轴向运动，使上弹簧 18、中弹簧 6 和下弹簧 9 处于压缩状态，弹簧推动楔形体，顶起楔形件，从而确保上滚轮 16 和下滚轮 14 与深孔零件的孔内壁始终接触。

上滚轮 16 沿周向分布，数量为 3 个或 3 个以上；下滚轮 14 沿周向分布，数量为 3 个或 3 个以上。上滚轮 16 和下滚轮 14 可绕自身轴线转动，因此，装置工作时，滚轮与深孔零件 1 的孔内壁之间为滚动摩擦，有利于减小摩擦阻力，提高检测精度。

上楔形件 15 与上楔形体 3 之间倾斜接触，接触形式可以是面接触，也可以是线接触，斜角控制在 10°~80° 之间；下楔形件 13 与下楔形体 7 之间倾斜接触，接触形式可以是面接触，也可以是线接触，斜角控制在 10°~80° 之间。

拉绳 31 绕过左滑轮 22 和右滑轮 28 连接在拉钉 19 上，从而将电机 20 的动力传递给 T 型拉杆 5，滑轮改变拉绳 31 传动方向，以方便电机的安装。

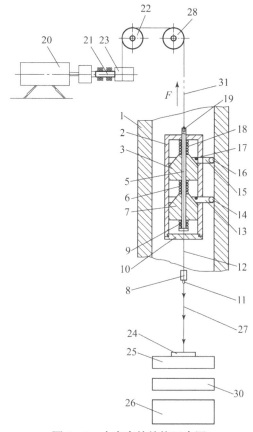

图 6-3　本方案的结构示意图

1—深孔零件；2—套筒；3—上楔形体；5—T 型拉杆；6—中弹簧；7—下楔形体；8—重块；9—下弹簧；10—面板；
11—激光发射器；12—吊绳；13—下楔形件；14—下滚轮；15—上楔形件；16—上滚轮；17—销钉；
18—上弹簧；19—拉钉；20—电机；21—卷轴；22—左滑轮；23—滚筒；24—位置敏感探测器；
25—支架；26—计算机系统；27—光线；28—右滑轮；30—A/D 转换器；31—拉绳

销钉 17 安装于上楔形件 15，确保楔形件不会从套筒 2 中脱落。

套筒 2 和面板 10 固接。弹簧、T 型拉杆和楔形体等关键零件位于套筒 2 内部。面板 10 栓有吊绳 12，吊绳 12 下端系有重块 8，激光发射器 11 安装于重块 8 下端面中心，发出光线 27。

位置敏感探测器 24 固定于支架 25 上，位于激光发射器 11 下方，用于接收激光发射器 11 发出的光线。光线 27 照射在位置敏感探测器 24 的工作范围内。利用位置敏感探测器 24 上光斑的变化反映深孔的实际轴线相对于理论轴线的横向（即径向）变动量。

6.3.4　技术特点及有益效果

本技术方案具有以下特点。

（1）深孔零件 1 轴线位于竖直方向。本检测装置包括面板 10、吊绳 12、重块 8、激光发射器 11 和位置敏感探测器 24 等零件。重块悬挂在面板 10 下。吊绳 12 一端连接重块 8，另一端连接在面板 10。激光发射器 11 安装于重块 8 下端面中心。激光发射器 11 发出的光线 27 照射在位置敏感探测器 24 的工作范围内。同时，利用弹簧、楔形体等机械元件使检测装置能自动适应深孔直径的微小变化。

（2）本方案充分利用重力方向不变的特性，采用单束激光及单个传感器检测深孔直线度，简化了检测装置及计算过程。但如果操作速度较快，检测过程中激光发生器容易出现晃动，所以应该严格控制电机转速，使其低速运行。

本技术方案具有以下有益效果：依据重力方向不变的特性，仅利用单束激光及单个位置敏感探测器即可检测深孔直线度，简化了检测方案，降低了制造成本。

本技术方案有以下缺点：为避免检测过程中激光发生器可能出现晃动，移动激光发生器的速度应该比较缓慢，因此检测过程所需的时间比较长。

6.4 基于数学手段的深孔直线度激光检测方法

6.4.1 技术领域与背景

本书6.3节的"一种立式深孔直线度激光检测装置"提出将零件深孔竖直放置，借助重力的特性检测深孔直线度。检测时深孔轴线垂直于水平面，采用了悬挂有重物的激光及位于激光正下方的光敏元件——位置敏感探测器。利用该方案检测深孔直线度时的操作速度应当较为缓慢，如操作速度快，会引起激光发生器的晃动。利用机械方法消除激光器的晃动非常困难。

除本书6.1~6.3节所介绍的方法外，深孔直线度检测方法还有量规测量法、感应式应变片测量法、校正望远镜测量法、超声波测量法等。但各种方法有其适用范围和局限性。光电检测方法精度高，但多见于理论研究，而实用的设备较少。

深孔轴线偏斜严重制约深孔类零件的质量。提高深孔直线度检测技术水平，为深孔加工过程提供参考依据，可提高深孔零件质量、推动装备制造水平的提升。

对于图6-3所示的立式深孔直线度检测方案，针对存在激光器晃动的检测过程，试图通过数学运算排除激光器晃动的影响，求出深孔直线度。

6.4.2 检测原理

本检测方法所采用的检测工具如图6-3所示。获得检测数据后，利用数学手段对检测的数据进行处理，消除激光发生器晃动的影响，进而求解深孔轴线直线度。其步骤如下。

（1）由位置敏感探测器检测光斑的位置变化。

（2）将光斑位置变化信息和装置竖直方向位移变化信息输入计算机系统。

（3）由计算机系统根据光斑位置变化信息和装置竖直方向位移变化信息，得到空间离散点。

（4）根据空间离散点，采用空间曲线拟合、求空间包络面、滤波分析等方法，求深孔轴线直线度。

检测装置：参考本书"6.3 一种立式深孔直线度激光检测装置"。

检测与数学处理方法：

采用数学手段对检测的数据信息进行处理，求深孔直线度，步骤如下。

第一步，由位置敏感探测器检测光斑的变化。

第二步，将光斑位置变化信息和装置竖直方向位移变化信息输入计算机系统。

第三步，由计算机系统根据光斑位置变化信息和装置竖直方向位移变化信息，得到空间离散点。

第四步，选择以下一种方式进行处理。①根据空间离散点，按最小二乘法拟合出一条空间曲线，即深孔实际轴线；②根据空间离散点，求空间离散点的空间包络面，包络面的中心线即为深孔实际轴线；③将空间离散点连接成曲线；④将该曲线分解为频率不同的两条曲线，一条与重块晃动的频率相对应；另一条与深孔轴线直线度变化的频率相对应，或采用其他滤波分析技术进行处理。

第五步，求出深孔轴线直线度。

技术方案见图 6 - 3。

6.4.3　技术特点及有益效果

本技术方案具有以下特点。

（1）与本书 6.3 节相同，将深孔立式放置，检测装置的直径与深孔直径相当，且能自动适应深孔直径的变化。使检测装置在深孔内上下移动，检测装置的下部悬挂激光器，激光照射在激光下方的光敏元件——位置敏感探测器上。根据光斑的变化量求深孔直线度。

（2）采用图 6 - 3 所示的检测装置检测深孔直线度，利用数学运算，排除晃动因素的干扰。①按最小二乘法拟合深孔实际轴线。②求空间离散点的空间包络面，将包络面的中心线作为深孔实际轴线。③将空间离散曲线分解为频率不同的两条曲线，一条与重块晃动的频率相对应；另一条与深孔轴线直线度变化的频率相对应，或采用其他滤波分析技术进行处理。进而求出深孔轴线直线度。

本技术方案具有以下有益效果：利用光电技术检测深孔直线度，采用数学方法排除激光器晃动的干扰。由于采用现有的机械方法很难排除激光器晃动的干扰，因此本方法具有特殊的作用。

6.5　圆周定位激光深孔直线度检测装置

6.5.1　技术领域与背景

深孔直线度检测可以采用以下原理：利用激光和 PSD（Position Sensitive Detector）传感器，使激光从深孔一端照射在固定于测头的 PSD 传感器上，采用牵引方式使测头走过整个深孔。同时用计算机采集 PSD 传感器得到的光斑位置变化信息，并拟合出深孔轴线的空间曲线，根据该曲线各点的坐标变化信息评定深孔直线度。

上述技术方案中，如果采用线绳牵引测头，在测头受到牵引于孔内移动的过程中，测头有时会绕轴线相对于工件发生微小的旋转。

对于检测精度要求不高的零件，这种旋转对于直线度检测结果的影响可以忽略不计；对于检测精度要求较高的零件，通过以下四种方法可以减小上述测头旋转对直线度检测结果的影响。第一种方法：通过调整激光光斑中心与 PSD 传感器中心的距离，使其接近 0，减小测头旋转对检测结果的影响。第二种方法：测量一次后，主动让测头旋转180°，对称测量，对检测结果进行比较和抵消运算，求平均值，减小测头旋转对检测结果的影响。第三种方法：多次测量，通过统计分析，求出由测头旋转所造成的误差，并在检测结果中减去该项误差。第四种方法：在测头上安装角度传感器，在检测结果中减去由测头旋转所造成的误差。

上述方法均可取得一定效果，但设计防止测头旋转的机械结构则是根本措施。

6.5.2　检测原理

本方案旨在克服上述技术的缺点，提供一种新的深孔直线度检测装置。装置上有防止测头绕自身轴线相对于深孔内壁旋转的机构，可减小测量过程所造成的误差。

本装置的激光器位于被测工件深孔一端，测头部分置于被测工件深孔内。激光器发出的激光照射在测头上的 PSD 传感器表面形成一个光斑。牵引线绕过滑轮牵引测头在深孔内从靠近激光器的一端向另一端移动。同时用计算机记录并分析 PSD 传感器采集到的激光光斑位置变化信息。测头上具有防止测头绕自身轴线转动的圆周定位机构，该机构由弹簧和球体构成。采用本技术方案，在深孔内移动的测头与被测工件深孔内壁之间圆周方向相对位置保持固定，保证了装置在测量过程中的稳定性，降低了检测过程中产生的误差。本装置比本书6.1～6.4 节所介绍的激光式深孔直线度检测装置具有更高的检测精度。

如图 6-4 所示，将检测部分置于被测工件 2 深孔内。检测部分包括测头 15、固定在测头15 上的 PSD 传感器 3 等零件（图 6-5、图 6-6）构成，由牵引线 4 牵引，从深孔一端移动到另一端。同时，处于深孔外部的激光器 1 向孔内发射激光，激光照射在 PSD 传感器 3 上形成光斑。PSD 传感器 3 上光斑位置变化的信息由计算机记录、运算，用于评定深孔直线度误差。

如图 6-6 所示，测头 15 上的长平面、短平面与被测工件 2 的部分孔壁围成楔形区域。楔形区域内有球体 17、支撑片 14、弹簧 16。支撑片 14 固定于长平面上，并与长平面所成夹角小于 90°。弹簧 16 固定于短平面上，并使球体 17 在弹力作用下靠在支撑片 14 末端，因此球体被卡在楔形空间内。支撑片 14 与球体 17 的接触点到长平面的垂直距离大于球体 17 的半径。在检测之前或检测结束后测头处于深孔外部，支撑片可以防止球体脱落。

如图 6-6 所示，圆周定位机构包括楔形区域内的球体 17、弹簧 16。

测头上的楔形区域至少为两个，在所有楔形区域中至少有两个楔形区域的楔形方向相反。

如图 6-6 所示，测头 15 与被测工件 2 因球体 17 摩擦力的作用在圆周方向无法相对运动，形成摩擦锁：首先，如果测头 15 相对被测工件 2 有顺时针旋转的趋势，则第二、四象限的球体将与深孔内壁相卡；其次，如果测头有逆时针旋转的趋势，则第一、三象限的球体将与深孔内壁相卡。PSD 传感器 3 固连于测头上，所以它与被测工件 2 圆周方向相对位置保持固定，从而减少了测量误差。

如图 6-4、图 6-5 所示，被测工件 2 置于两个 V 形块 10 上，每个 V 形块 10 两侧面各有一水平调节螺栓 13 用来调节被测工件 2 水平面内的位置和方向，每个 V 形块 10 下方有两块楔形调节衬垫 7、11，可以通过旋转竖直调节螺栓 9 来调节被测工件 2 在竖直平面内的位置和方向。

在检测深孔直线度之前，调整被测工件 2 的位置和方向，使激光接近孔的轴线，以取得最好的检测效果。上述过程称之为调光，是检测过程的必要步骤。

下调节衬垫 11 置于台阶 8 上，台阶 8 上固定有竖直限位块 19，竖直限位块 19 上有槽。竖直调节螺栓 9 具有前环形凸起 18、后环形凸起 20，竖直调节螺栓 9 放置于槽内，同时使竖直限位块 19 位于前环形凸起 18 和后环形凸起 20 之间。竖直调节螺栓 9 与下调节衬垫 11

通过螺纹连接。旋转竖直调节螺栓 9 时下调节衬垫 11 会沿螺栓轴线方向移动，而竖直调节螺栓 9 本身不会发生轴线方向的移动。

　　将检测部分置于被测深孔内靠近激光器 1 的一端，使牵引线 4 牵引着检测部分向被测深孔的另一端移动，同时采集 PSD 传感器 3 上光斑的坐标数据和检测部分的位置数据，供计算机分析。

6.5.3　装置结构

　　本装置结构如图 6 - 4 ~ 图 6 - 6 所示。

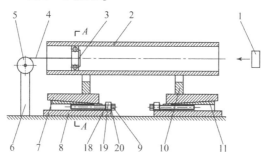

图 6 - 4　结构示意图正视图

1—激光器；2—被测工件；3—PSD 传感器；4—牵引线；5—滑轮；6—滑轮支架；7—上调节衬垫；8—台阶；9—竖直调节螺栓；10—V 形块；11—下调节衬垫；18—前环形凸起；19—竖直限位块；20—后环形凸起

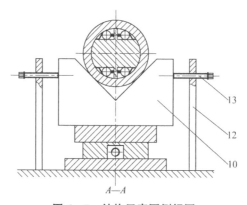

图 6 - 5　结构示意图侧视图

10—V 形块；12—调节螺栓支架；13—水平调节螺栓

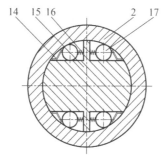

图 6 - 6　圆周定位机构示意图

2—被测工件；14—支撑片；15—测头；16—弹簧；17—球体

6.5.4 技术特点及有益效果

本技术方案具有以下特点。

（1）利用钢球在楔形空间内摩擦自锁的原理设计了圆周定位机构。检测时检测装置的测头及与之固连的 PSD 传感器不会绕测头自身轴线发生旋转，提高了激光式深孔直线度检测装置的检测精度。如图 6-6 所示，测头 15 上的长平面、短平面与被测工件 2 深孔壁形成楔形区域。圆周定位机构由弹簧 16、球体 17 构成，位于楔形区域内。弹簧 16 一端位于短平面上，另一端连接球体 17。球体 17 分别与长平面和被测工件 2 深孔壁接触。楔形区域至少为两个，在所有楔形区域中，至少有两个楔形区域的楔形方向相反。

（2）设计了调整装置，在检测开始时，使激光与深孔轴线基本一致。所设计的用于调整的零件包括上调节衬垫 7、竖直调节螺栓 9、下调节衬垫 11 等。利用楔形的斜面和螺纹机构方便地调节被测工件深孔轴线的位置和方向，以保证激光接近深孔的轴线。

本技术方案具有以下有益效果：利用激光准直原理检测深孔直线度，测头与被测工件深孔内壁之间沿圆周方向相对位置保持固定，可获得更高的检测精度。

6.6 超声深孔直线度检测方法及装置

6.6.1 技术领域与背景

深孔轴线直线度的检测方法有测壁厚法、激光测量法、量规测量法、臂杆测量法、望远镜测量法等。其中，测壁厚法在实际生产中应用比较广泛。但该方法常常仅通过测量被测工件深孔的孔壁厚度确定被测工件深孔的直线度，具有原理性误差。用该方法对壁厚不变而深孔轴线弯曲的零件进行测量，很有可能将深孔轴线误判为直线。在其他场合使用该方法也会对检测结果造成不良影响。

本技术方案旨在克服上述现有技术的缺点，提供一种新的深孔直线度检测装置，避免检测方法的原理性误差，提高深孔直线度的检测精度。

6.6.2 检测原理

本方法用于在车床或深孔机床上检测工件深孔的直线度，主要包括以下步骤：①放置检测架；②调零；③固定检测架与工件；④测量第一点；⑤测量其他点。本方法采用的装置包括检测架和检测部分。检测架包括磁力吸附装置和定位块；检测部分包括数字微分头和超声测厚仪。本技术方案排除了现有深孔直线度超声检测手段的原理性误差，可提高深孔直线度的测量精度，尤其对于壁厚不变而深孔弯曲的工件具有良好的鉴别力。超声测头随检测架沿着机床导轨移动，可以在全长范围内检测被测工件深孔的直线度。检测架采用了磁力吸附的方式固定于导轨上，固定方便、快速，提高了检测效率。

基本结构：

如图 6-7、图 6-8 所示，被测工件 8 安装于机床主轴箱的卡盘 11 上。超声深孔直线度检测装置位于机床导轨 1 上，由检测架 10 和检测部分构成。

检测部分由超声测头 7、超声测厚仪 2 和数字微分头 4 构成。

检测架 10 与机床的两个导轨 1 分别接触。如图 6 - 8 所示，检测架 10 底部具有凹槽，可与机床导轨 1 相配合并可沿导轨 1 移动。操作磁性开关 9 可使检测架 10 吸附于导轨上或消除两者的吸附力。

如图 6 - 7、图 6 - 8 所示，检测架 10 支撑检测部分。检测架顶部安装有两个定位块 6，用于确定检测部分的位置和方向。检测部分紧靠定位块 6，并固定于检测架 10 上。

超声测头 7 轴线与机床主轴轴线位于同一水平面内，调节微分头手柄 5 可以改变超声测头 7 到机床主轴轴线的距离。测量时的坐标系如图 6 - 9 所示。

如图 6 - 10、图 6 - 11 所示，检测架 10 有空腔，空腔可为长方形或者椭圆形。空腔内有可旋转的永磁铁 13，它由磁性开关 9 控制。当磁性开关 9 打开时，永磁铁 13 的 N 极或 S 极指向导轨 1，检测架 10 对导轨磁力增大，可以固定于导轨 1 上；当磁性开关 9 关闭时，N 极与 S 极距导轨 1 距离相同，且比较远，检测架 10 对导轨不显磁性，可以在导轨 1 上自由移动。

永磁铁 13 为长条形，且长径比大于 5，用以保证磁力开关分别在打开和关闭状态时，检测架 10 对导轨 1 产生的吸引力具有足够大的差别。永磁铁 13 两端为圆弧形。检测架 10 内部有凸台，凸台上有圆弧形凹槽。当永磁铁 13 的 N 极或 S 极指向导轨 1 时，磁极可与检测架 10 凸台上的圆弧形凹槽接触，从而对导轨 1 产生更大的吸引力。

几何运算：

如图 6 - 9 所示，测量某一截面上孔壁时，以机床主轴轴线与该截面的交点作为坐标系原点，在水平和竖直方向建立平面直角坐标系。打开检测架 10 磁性开关 9 以固定检测架 10 的位置，调节微分头手柄 5 使超声测头 7 与被测工件 8 接触，数字微分头 4 测量的是被测工件 8 外壁到机床主轴轴线的距离 OD，超声测厚仪 2 测量的是被测工件 8 壁厚 CD，则在超声测头 7 所测量的直线上，深孔壁到机床主轴中心线的距离为

$$OC = OD - CD$$

用计算机记录下 OD、CD、OC 取得第一组数据，读数结束后调节微分头手柄 5 使超声测头 7 离开被测工件 8 一定距离。

几何学上，任意不在同一直线上的 3 个点可以确定一个圆。也就是说，只要测出被测工件 8 深孔壁上任意 3 个点的位置，就可以近似求得被测工件 8 深孔壁的圆心位置。

因此，使卡盘 11 再旋转两次，利用上述方法，通过测量和计算可以得到在被测工件 8 该截面圆周上任意取的 A、B 两点的位置坐标。根据 A、B、C 三点的位置坐标就可以确定一个圆心 M。

以下讨论圆心坐标的求法。

设三点坐标分别为：A：(x_1, y_1)；B：(x_2, y_2)；C：(x_3, y_3)，所求圆半径为 r，圆心 M 坐标为 (x_0, y_0)，根据圆心到圆上点距离相等可得出方程组：

$$\begin{cases} (x_0 - x_1)^2 + (y_0 - y_1)^2 = r^2 \\ (x_0 - x_2)^2 + (y_0 - y_2)^2 = r^2 \\ (x_0 - x_3)^2 + (y_0 - y_3)^2 = r^2 \end{cases}$$

联立消元，得到二元一次方程组：

$$x_1^2 + y_1^2 - 2x_0 x_1 - 2y_0 y_1 = x_2^2 + y_2^2 - 2x_0 x_2 - 2y_0 y_2 = x_3^2 + y_3^2 - 2x_0 x_3 - 2y_0 y_3$$

代入 A、B、C 三点坐标即可求得由 A、B、C 三点所确定的圆的圆心的坐标 (x_0, y_0)。

多次测量得到深孔截面壁上 $n(n \geqslant 3)$ 个点的位置坐标，就可以利用这些点求得 C_n^3 个圆心。

然后，关闭检测架 10 上的磁性开关 9，沿导轨 1 方向移动检测架 10，选取被测工件 8 的多个截面测量，得到一系列圆心的坐标，利用计算机取一个最小的圆柱，将这些圆心全部包围在内，这个圆柱的直径就是该深孔的直线度误差。

检测步骤：

使用上述装置检测被测工件深孔直线度误差的方法，包括以下步骤。

（1）放置检测架 10。检测架 10 连同检测部分放置于机床导轨 1 上。

（2）调零。首先将一个直径为 d 的标准圆柱在卡盘 11 上夹紧，然后调节微分头手柄 5，使超声测头 7 的前端面与标准圆柱外圆接触，最后取下标准圆柱，调节微分头手柄 5 使微分头测杆 3 再伸出 $d/2$ 长度，此时机床主轴轴线在超声测头 7 前端面所在平面内，设置数字微分头 4 读数为零。

（3）固定检测架 10 与工件。打开检测架 10 上的磁性开关 9，使检测架 10 固定在导轨 1 上，将被测工件 8 在机床的卡盘 11 上夹紧。

（4）第一点的测量。调节微分头手柄 5 使超声测头 7 与被测工件 8 接触，用计算机记录下数字微分头 4 与超声测厚仪 2 的数值，取得第一组数据。所测量深孔壁上的点距原点的距离为数字微分头 4 的读数减去超声测厚仪 2 的读数，读数结束后调节微分头手柄 5 使超声测头 7 离开被测工件 8 一定距离。

（5）测量其他点。使卡盘旋转几个角度，多次测量，得到选定深孔截面壁上 n 个点的位置坐标，利用这些点求得 C_n^3 个圆心。然后，关闭检测架 10 上的磁性开关 9，沿导轨 1 方向移动检测架 10。选取被测工件 8 多个截面进行测量，得到一系列圆心的坐标。利用计算机求一个最小的圆柱，将这些圆心全部包围在内，最小圆柱的直径为该深孔的直线度误差。

6.6.3 装置结构

本装置结构如图 6-7~图 6-11 所示。

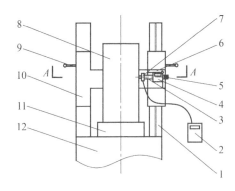

图 6-7 结构示意图俯视图

1—导轨；2—超声测厚仪；3—微分头测杆；4—数字微分头；5—微分头手柄；6—定位块；
7—超声测头；8—被测工件；9—磁性开关；10—检测架；11—卡盘；12—主轴箱

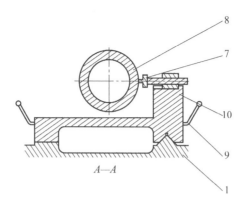

图 6 – 8 结构示意图剖视图

1—导轨；7—超声测头；8—被测工件；9—磁性开关；10—检测架

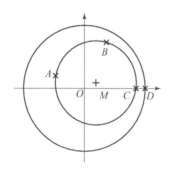

图 6 – 9 测量时坐标系建立示意图

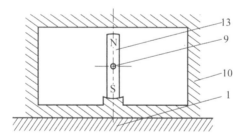

图 6 – 10 磁性开关打开时磁力吸附机构结构示意图

1—导轨；9—磁性开关；10—检测架；13—永磁铁

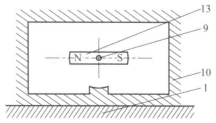

图 6 – 11 磁性开关关闭时磁力吸附机构结构示意图

1—导轨；9—磁性开关；10—检测架；13—永磁铁

6.6.4 技术特点及有益效果

本技术方案具有以下特点。

（1）以机床导轨和主轴为基准，以超声波测厚仪为工具检测被测工件深孔的直线度误差。

本装置检测架 10 底部凹槽与导轨 1 相配合，检测架可根据需要固定于导轨的某一位置或沿导轨移动。工件安装于机床的三爪卡盘或四爪卡盘上。

本技术方案还包括一种算法：利用超声波测厚仪测量工件选定截面上 n 个点的壁厚，求出 C_n^3 个圆心，根据各个截面 C_n^3 个圆心，求深孔轴线的直线度误差。

（2）检测装置的检测架放置于机床导轨上，在检测架的空腔内有长条形的永磁铁。通过磁性开关使永磁铁处于竖直位置时，检测架以及固定在检测架上的超声测头相对机床导轨保持稳定的位置。通过磁性开关使永磁铁处于水平位置时，可以使检测架沿导轨移动。

本技术方案具有以下有益效果：以机床导轨 1 以及机床主轴轴线为基准测量被测工件 8 深孔，排除了现有深孔直线度超声测量手段的原理性误差，可提高深孔直线度的测量精度。尤其对于壁厚不变而深孔弯曲的工件具有良好的鉴别力。超声测头 7 随检测架 10 沿着机床导轨 1 移动，可以在全长范围内检测被测工件 8 深孔直线度。检测架 10 采用了磁力吸附的方式固定于导轨 1 上，固定方便快速，可提高检测效率。

6.7 一种单激光单 PSD 储存式深孔直线度检测装置

6.7.1 技术领域与背景

利用激光准直法测量深孔直线度时需采用 PSD 传感器。检测时测头在深孔内移动，位于深孔外的激光发生器发出激光，射向位于测头的光敏传感器。根据光斑的位置变化和检测装置在被测零件深孔内的轴向位移，得到离散点的空间坐标，不难求出孔轴线直线度误差值。

在上述方案中，将 PSD 传感器上的光斑信息传输至计算机，有以下两种方法，但均存在一些不足。

第一种方法：利用有线方式连接 PSD 传感器与计算机。采用此方法，线束不断处于运动状态，容易出现接触不良、磨损，导致检测设备出现故障。采用线束连接，还容易遮挡激光，不仅影响检测，操作也不方便。

第二种方法：采用无线方式传输数据。采用此方法，PSD 传感器与计算机之间没有线束，虽无电路故障且操作方便，但无线信号容易被深孔工件屏蔽或出现不稳定。当孔的深度大、而直径较小时，安装防屏蔽配置也有困难。

本方案旨在解决上述问题。在利用激光准直原理检测深孔直线度时，将检测信息保存于数据存储器中，检测结束后将存储器取出，进行数据分析。

6.7.2 检测原理

本技术方案提供一种利用激光和 PSD 传感器检测深孔轴线直线度的储存式检测装置。

装置包括牵引部分、检测部分及数据处理部分。基本技术思路是：将光斑位置变化信息存储于专用"数据存储器"内，在检测过程中，该存储器随测头在深孔内移动，检测结束后取出存储器，对其储存信息进行分析处理。设计了工件姿态调整机构，采用激光器固定，工件位置调整的调光方案，实现对激光入射角度的调节；装置采用储存式方案记录数据，使结构集成化，避免了无线检测方案信号容易被屏蔽的弊端。

装置包括牵引部分、检测部分及数据处理部分，相互配合，发挥检测作用。图 6 - 12、图 6 - 13 分别为装置结构、测头结构示意图；图 6 - 14 ~ 图 6 - 17 为用于调整的零部件示意图；图 6 - 18 为牵引机器人结构示意图；图 6 - 19 ~ 图 6 - 20 展示底座及部分关键零件的结构。

1. 牵引部分

如图 6 - 12 所示，牵引部分主要包括牵引线 9 和自定心牵引机器人 10。

如图 6 - 12、图 6 - 18 所示，自定心牵引机器人 10 包括滑轮 32、滑轮支撑架 33、自定心弹簧 34、圆锥体 35、传动件 36、动力件 37、自定心牵引机器人电源 38、挂钩 39。动力件 37 与自定心牵引机器人电源 38 相连。动力件 37 与传动件 36 相连。传动件 36 与滑轮 32 连接（图 6 - 18 中未具体表示连接方式）。滑轮 32 的材料为塑料。滑轮 32 与滑轮支撑架 33 连接。滑轮支撑架 33 与圆锥体 35 接触。滑轮支撑架 33 一端与自定心弹簧 34 固连。如图 6 - 12、图 6 - 18 所示，挂钩 39 通过牵引线 9 与测头 8 连接。

2. 检测部分

如图 6 - 12 所示，检测部分主要包括测头 8、工件姿态调整架 1、百分表架 3、激光器 4、调光端盖 5、PSD 传感器 7、PSD 调整座 25（图 6 - 15）及端盖内套 26（图 6 - 16）。

1）测头的结构与自定心原理

测头外径与被测深孔直径相同，测头利用锥面在深孔内自动定心。如图 6 - 12、图 6 - 13 所示，测头 8 包括测头电源 11、测头锥形体 12、测头锥形套 13、测头蝶形弹簧 14、测头弹簧座 15、测头螺母 16、信号转换器 17 及数据存储器 18。

测头锥形套 13 由形状相同的 3 个等分体组成（图 6 - 20）。如图 6 - 13 所示，测头锥形套 13 内表面与测头锥形体 12 锥面贴合。

测头锥形套 13 外部沿圆周设置有凹槽，凹槽内套有弹性体。弹性体的作用为将分散独立的测头锥形套 13 3 个等分体保持为一个整体，并具有沿深孔径向的收缩性及舒张性，以方便测头能适应深孔直径的微小变化。

测头弹簧座 15 套于测头锥形体 12 的圆柱部分。测头弹簧座 15 一端与测头螺母 16 接触，另一端与测头蝶形弹簧 14 接触。测头蝶形弹簧 14 的两端分别与测头锥形套 13、测头弹簧座 15 接触。测头蝶形弹簧 14 在工作时处于压缩状态。蝶形弹簧的作用力使测头锥形套的外圆始终与深孔内壁接触，实现测头的自动定心。

2）工件姿态调整架的结构与调整原理

（1）工件姿态调整架 1 的结构。如图 6 - 12、图 6 - 17 所示，工件姿态调整架 1 包括水平位置调节螺栓 27、支承块 28、竖直位置调节螺栓 29、底座 30 及底座螺母 31。支承块 28 的两部分外形相同并设置有旋向相反的螺纹孔。竖直位置调节螺栓 29 通过螺纹孔连接两支承块。底座螺母 31 与底座 30 接触。水平位置调节螺栓 27 通过底座螺母 31 与底座 30 连接。水平位置调节螺栓 27 末端与支承块 28 底部接触。底座 30 设置有滑槽。支承块位于底座 30 的滑槽内。

（2）工件竖直位置的调节。松开水平位置调节螺栓 27，调整竖直位置调节螺栓 29，两个支承块 28 发生相对位置的变化，当两个支承块 28 相对距离变大时，由于工件位于两个支承块 28 上，工件位置沿竖直方向下降，当两个支承块 28 相对距离变小时，工件位置沿竖直方向上升。

（3）工件水平位置的调节。调整两个水平位置调节螺栓 27，支承块 28 在底座 30 的滑槽内发生位置的变化，带动工件位置变化。

（4）激光与调光。

①激光。如图 6 – 12 所示，激光器 4 与百分表架 3 固连。激光器 4 在工作时位于深孔零件外部并与其相对静止。测头 8 及 PSD 传感器 7 工作时位于深孔零件孔内并与其产生相对移动。

②调光。调光目的是：使入射激光接近深孔零件的轴线。

③调光端盖及端盖内套。如图 6 – 12 所示，调光端盖 5 位于深孔的两端，外径与深孔直径相同，其中心部位加工有轴向通孔。端盖内套 26（图 6 – 16）放于调光端盖 5 内。端盖内套 26 的中心部位也加工有轴向通孔。在检测前，通过调试，保证激光从深孔一端的调光端盖（或端盖内套）射入后，可以从深孔另一端的调光端盖（或端盖内套）射出。从而使激光与深孔轴线基本保持同轴。

如图 6 – 14 所示，调光端盖 5 包括端盖锥形体 20、端盖锥形套 21、端盖蝶形弹簧 22、端盖弹簧座 23 及端盖螺母 24。

端盖锥形套 21 由形状相同的 3 个等分体组成（图 6 – 21），端盖锥形套 21 内表面与端盖锥形体 20 锥面贴合。端盖锥形套 21 外部沿圆周设置有凹槽，凹槽内套有弹性体。弹性体的作用为将分散独立的端盖锥形套 21 3 个等分体保持为一个整体，并具有沿深孔径向的收缩性及舒张性，使调光端盖 5 的外径能够适应深孔直径。

如图 6 – 14 所示，端盖弹簧座 23 一端与端盖螺母 24 接触，另一端与端盖蝶形弹簧 22 接触。端盖弹簧座 23 套在端盖锥形体 20 的圆柱部分。端盖蝶形弹簧 22 的两端分别与端盖锥形套 21、端盖弹簧座 23 接触。端盖蝶形弹簧 22 在工作时处于压缩状态，使调光端盖外圆始终接触深孔内壁。

如图 6 – 14 所示，端盖锥形体 20 上设置有内窥孔 19，内窥孔 19 用于观察内部情况。如图 6 – 16 所示，端盖内套 26 外部设置有凹槽，以方便操作。

④调光步骤。如图 6 – 12 所示，调光包括粗调和精调。第一步为入射激光的粗调，分别在工件深孔内部的两端各放置一个调光端盖 5（图 6 – 14），操作百分表架 3 保证激光通过两个调光端盖 5 的通孔；第二步为入射激光的精调，在两个调光端盖 5 的通孔内各放置一个端盖内套 26（图 6 – 16），操作工件姿态调整架 1 至激光通过两个端盖内套 26 的通孔。

3. 数据处理部分

如图 6 – 12 所示，数据处理部分主要包括数据处理器 2。数据处理器设置有显示屏，数据处理器 2 的显示屏可以用计算机显示器代替。

PSD 传感器 7 位于 PSD 调整座 25（图 6 – 15）内，PSD 调整座 25 固连于测头 8 末端（图 6 – 12）。PSD 调整座 25 侧壁上均布有 4 个调零螺钉。

如图 6 – 13 所示，信号转换器 17、数据存储器 18、测头电源 11 固连于测头锥形体 12 末端。

4. 深孔直线度检测步骤

第一步，在深孔零件的两端放入两个调光端盖 5，调整百分表架 3 至激光同时穿过端盖锥形体 20 上的通孔。将两个端盖内套 26 放于两端的调光端盖 5 的通孔内，调整水平位置调节螺栓 27 及竖直位置调节螺栓 29 至激光同时穿过端盖内套 26 上的通孔。移去调光端盖 5 和端盖内套 26，将测头置于待测孔内，调节 PSD 调整座 25 至光斑落在 PSD 传感器 7 上。上述方案还难以保证激光与深孔轴线完全一致，但可使光斑在检测全过程中落在 PSD 传感器上。

第二步，当测头 8 位于深孔始端时，启动自定心牵引机器人 10 及数据处理部分，激光器 4 发出的激光照在 PSD 传感器上 7，信号转换器 17、数据存储器 18 通电，当测头 8 位于深孔末端时，关闭自定心牵引机器人 10。

第三步，拆下数据存储器 18，将数据存储器 18 与数据处理器 2 相连。利用采集的坐标点信息，拟合出深孔直线度的空间曲线，评定深孔直线度。

6.7.3　装置结构

本装置结构如图 6 – 12 ～ 图 6 – 21 所示。

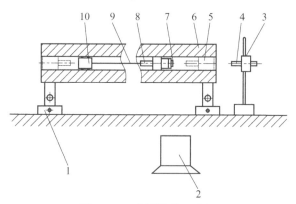

图 6 – 12　装置结构示意图

1—工件姿态调整架；2—数据处理器；3—百分表架；4—激光器；5—调光端盖；6—工件；
7—PSD 传感器；8—测头；9—牵引线；10—自定心牵引机器人

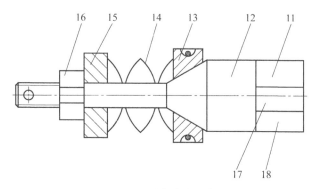

图 6 – 13　测头结构示意图

11—测头电源；12—测头锥形体；13—测头锥形套；14—测头蝶形弹簧；15—测头弹簧座；
16—测头螺母；17—信号转换器；18—数据存储器

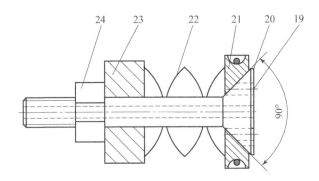

图 6 - 14　调光端盖结构示意图

19—内窥孔；20—端盖锥形体；21—端盖锥形套；22—端盖蝶形弹簧；23—端盖弹簧座；24—端盖螺母

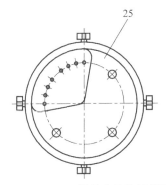

图 6 - 15　PSD 调整座结构示意图

25—PSD 调整座

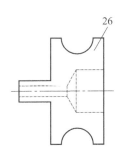

图 6 - 16　端盖内套结构示意图

26—端盖内套

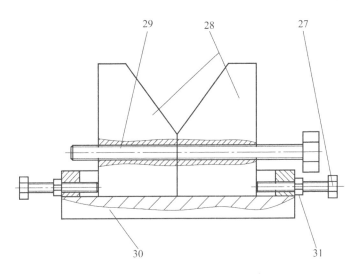

图 6 - 17　工件姿态调整架结构示意图

27—水平位置调节螺栓；28—支承块；29—竖直位置调节螺栓；30—底座；31—底座螺母

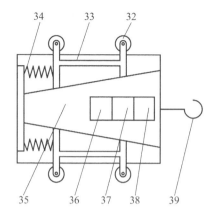

图6-18 自定心牵引机器人结构示意图

32—滑轮；33—滑轮支撑架；34—自定心弹簧；35—圆锥体；36—传动件；
37—动力件；38—自定心牵引机器人电源；39—挂钩

图6-19 底座俯视结构示意图

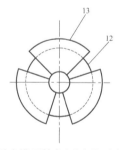

图6-20 测头锥形体与测头锥形套结构示意图

12—测头锥形体；13—测头锥形套

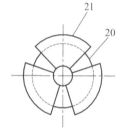

图6-21 端盖锥形体与端盖锥形套结构示意图

20—端盖锥形体；21—端盖锥形套

6.7.4 技术特点及有益效果

本技术方案具有以下特点。

（1）利用数据存储器保存检测过程中的信息，克服了有线检测方案连接线多、遮挡激光、操作不便的弊端，使装置结构紧凑。与无线检测方案相比，避免了信号被屏蔽的弊端。该装置包括牵引部分、检测部分及数据处理部分。检测部分有激光器4、PSD传感器7、测头8等零件。测头8包括测头电源11、测头锥形体12、测头锥形套13、测头蝶形弹簧14、测头弹簧座15及数据存储器18。

（2）提出了使激光与深孔轴线基本平行的简便方案：①在深孔零件的两端放入两个调光端盖5，调整百分表架3至激光同时穿过位于深孔零件两端的端盖锥形体20上的通孔；

②将两个端盖内套 26 放到两端的调光端盖 5 的通孔内，调整水平位置调节螺栓 27 及竖直位置调节螺栓 29 至激光同时穿过端盖内套 26 上的通孔。

（3）提出了使激光终落在 PSD 传感器 7 上的简便方案：在前述调整的基础上，移去调光端盖 5 和端盖内套 26，将测头置于待测孔内，调节 PSD 调整座 25 上的四个螺钉，保证在检测过程中光斑可以始终落在 PSD 传感器 7 上。

本技术方案具有以下有益效果：利用数据存储器保存检测过程中的信息，与有线检测方案相比减少了连接线，使结构紧凑；与无线检测方案相比，避免了信号被屏蔽的弊端。

6.8　带有防转机构的激光深孔直线度检测装置

6.8.1　技术领域与背景

在深孔直线度检测过程中，采用 PSD 传感器配合激光检测可以较为准确地得到深孔的直线度误差。然而在检测过程中，如采用柔性的线绳牵拉测头在深孔内移动，测头有时会在深孔中绕深孔轴线产生微小角度的旋转，影响测量结果。而且，柔性线绳只能以拉力使测头在深孔中向一个方向移动，不方便测头归位进行多次测量，效率较低。线绳的弹性还会使测头在深孔内做间歇运动，而非理想的匀速直线运动，使检测过程存在振动。

针对测头旋转问题，本书 6.5 节分析了测头旋转对不同零件深孔直线度检测结果的影响，探讨了减小测头旋转影响的四种方法。在 6.5 节中提出了一种防止测头绕轴线转动的圆周定位机构。

为防止测头旋转并克服线绳的其他不足，随着研究的深入，作者构思了一种能够防止测头在深孔中旋转的激光式深孔直线度检测装置。

6.8.2　检测原理

本装置采用激光与 PSD 传感器测量深孔工件的直线度误差。将被测工件放置在 V 形块上，V 形块固定于检测架上。PSD 传感器固定在测头上，利用拉杆牵拉测头带动 PSD 传感器从深孔一端移动到另一端。利用激光准直原理检测工件深孔的直线度误差时，检测过程中测头有时会绕深孔轴线发生微小角度的旋转。为防止旋转的发生，本装置的拉杆通过一个万向节与测头相连，使测头仅具有三个方向的平移自由度，而不具有旋转自由度，排除测头绕被测工件深孔轴线旋转造成的误差。拉杆采用多段相接的方式连接测头，以减少检测装置所占用的空间。

检测原理：

如图 6-22 所示，本装置的检测架 1 上放有两个 V 形块 2，被测工件 5 位于 V 形块 2 上。PSD 传感器 6 固定于测头 7 上，测头 7 位于被测工件 5 深孔内。激光从被测工件外部射入深孔，照射在 PSD 传感器 6 上形成一个光斑。检测过程中，PSD 传感器 6 随测头 7 沿深孔移动。由于激光是沿直线传播的，如果深孔轴线为理想直线，则光斑位置没有变化或成线性变化，如果深孔轴线不为理想直线，则光斑出现变化，且为非线性变化。不难理解，光斑位置变化反映了深孔轴线的变化，根据光斑位置变化量可以求出深孔直线度误差。PSD 传感器 6 光斑位置变化，传输至计算机，并由专业软件系统记录于计算机。通过运算，得到所测深孔的直线度。

防止拉杆旋转的原理：

如图 6 - 22 所示，本装置采用刚性的拉杆 9 牵引测头 7 在被测工件 5 深孔内移动。拉杆 9 的横截面不为圆形（图 6 - 24），检测架 1 上与拉杆 9 配合部位为方孔或方形槽（图 6 - 22、图 6 - 25），检测时使拉杆 9 穿过方孔或方形槽牵引测头 7 移动。由于拉杆 9 被检测架 1 的方孔或方形槽限制，拉杆 9 不会旋转，因此具有限制测头 7 绕深孔轴线发生旋转的能力。

由于深孔工件长度通常较大，本装置采用多节拉杆 9 相接的方式连接测头 7（图 6 - 24）。当牵引测头 7 移动一定距离后，一节拉杆 9 将露出深孔，可将这节拉杆 9 卸下。采用可拆卸的多节拉杆能减小检测装置占用的空间。

测头两自由度平移的原理：

如图 6 - 22 所示，在检测时需要测头 7 可以随着被测工件 5 深孔孔壁的变化而发生位置变化。换言之，只有测头在垂直于深孔轴线的平面内具有两个自由度，才能测量深孔轴线的直线度误差。因此拉杆 9 和测头 7 之间不能简单地采取刚性连接，否则，会导致测头 7 的自由度受限制，影响测头 7 随深孔偏移。本技术方案采用两自由度的万向节 8（图 6 - 23）连接测头 7 与拉杆 9，其优点是：在限制了测头 7 的 3 个旋转自由度的同时不会限制测头 7 的移动自由度。

调光方法：

为了使激光在整个检测过程中一直都能照射在 PSD 传感器 6 上，在检测之前需要进行调光。调光的方法如下：第一步，在被测工件 5 深孔的两端加两个端盖，端盖中心有一个小孔；第二步，在被测工件 5 外部，将激光发射器 4 固定于激光调节架 3 上，调节激光调节架 3 的位置和角度使激光同时穿过两个端盖上的小孔；第三步，卸下端盖，完成调光。

6.8.3 装置结构

本装置结构如图 6 - 22 ~ 图 6 - 25 所示。

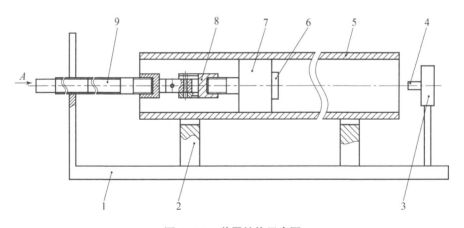

图 6 - 22 装置结构示意图

1—检测架；2—V 形块；3—激光调节架；4—激光发射器；5—被测工件；6—PSD 传感器；
7—测头；8—万向节；9—拉杆

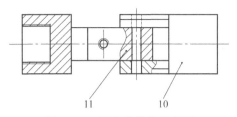

图 6-23 万向节结构示意图

10—万向节头；11—十字块

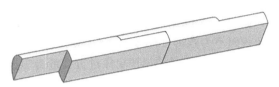

图 6-24 拉杆结构示意图

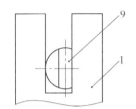

图 6-25 拉杆防转示意图

1—检测架；9—拉杆

6.8.4 技术特点及有益效果

本技术方案具有以下特点。

（1）利用检测架上的方孔或方形槽限制拉杆绕深孔轴线转动，利用万向节连接测头与拉杆。故测头具有垂直于深孔轴线的两个自由度，但不具有绕深孔轴线旋转的自由度。

相关主要结构为：检测架 1 上放置有两个 V 形块 2，被测工件 5 置于 V 形块 2 上。测头 7 放置于被测工件深孔内，PSD 传感器 6 固定在测头 7 上，刚性的拉杆 9 与测头 7 相连。激光发射器 4 放置于被测工件 5 深孔外部，固定于激光调节架 3 上。万向节 8 一端连接测头 7，另一端连接拉杆 9。拉杆 9 的截面不为圆形。检测架 1 上具有可与拉杆 9 相配合的方孔或方形槽。

（2）为了保证检测时激光一直照射在 PSD 传感器上，并且具有足够的光强，检测之前应调节激光，使激光束尽量接近深孔轴线。调节激光的步骤如下。

第一步，在被测工件 5 深孔两端加两个端盖，各端盖中心有一个小孔。

第二步，调节激光调节架 3 改变激光束的位置和方向使激光同时穿过两个端盖上的小孔。

第三步，卸下端盖，完成调光。

本技术方案具有以下有益效果：采用本装置可完成工件深孔直线度误差检测。检测时测头外径与深孔直径相适应，测头在深孔内移动时，具有垂直于轴线的两个平移自由度，但不具有绕轴线旋转的自由度。由于装置带有防转机构，本装置的检测精度高。

6.9 基于小孔过光的直线度检测装置

6.9.1 技术领域与背景

深孔加工过程受到多方面因素的影响。尤其是大深径比的深孔加工，刀具细长，强度低，容易引起刀具偏斜，且散热困难，排屑不易，导致直径变大，零件深孔轴线出现弯曲或偏斜现象，从而达不到质量要求。因此，对深孔轴线的直线度进行检测是必要的。

现有的深孔直线度检测装置仅适用于大直径的深孔检测，不适用于小直径深孔的检测。上述方案中只能对直径较大的深孔进行检测，对于小直径深孔，由于其内部空间限制等复杂因素，一直没有合理的检测装置或方法对其进行精确检测。

本技术方案的目的：克服空间限制，突破小直径深孔领域的直线度检测，为准确检测小直径深孔的直线度提供一种检测装置和方法。

6.9.2　检测原理

本技术方案提供一种基于小孔过光的直线度检测装置，如图 6-26 所示。装置包括光发射器 1、左端盖 2、测量体 3、右端盖 4、光接收器 5 驱动装置等部分。测量体 3 位于工件内部。光接收器 5 位于深孔的外部。其中光发射器 1 用于发射光信号，光接收器 5 用于接收光信号。左端盖 2 和右端盖 4 与深孔两端配合，均在中心处开有小的通孔，且两个通孔同轴。测量体 3 中心有小直径的贯通孔。

本技术方案中的驱动装置使测量体 3 在深孔内沿平行于光束的方向移动。下面介绍两种驱动方案。

方案一：

图 6-27 为刚性驱动装置示意图。为防止测量体 3 移动过程中在深孔内旋转，采用了万向联轴节 7。前驱动杆 6 与万向联轴节 7 固定连接，测量体 3、万向联轴节 7 和后驱动杆 8 三者固定连接，前驱动杆 6 沿平行于光束的方向移动，但不能绕平行于光束的方向旋转；测量体 3 沿平行于光束的方向移动，但不能绕平行于光束的方向旋转。万向联轴节 7 具有两个自由度，万向联轴节 7 在测量体 3 的前方时，前驱动杆 6 与后驱动杆 8 有相对移动的自由度，没有旋转自由度，由前驱动杆 6 拉动前方的万向联轴节 7，然后通过后驱动杆 8 拉动测量体 3。万向联轴节 7 放在测量体 3 的后方时，前驱动杆 6 与后驱动杆 8 有相对移动的自由度，没有旋转自由度，由前驱动杆 6 推动后方的万向联轴节 7，然后通过后驱动杆 8 推动测量体 3。

方案二：

图 6-28 为线绳驱动装置示意图。线绳 13 与测量体 3 连接，测量体 3 沿平行于光束的方向移动。测量体 3 与深孔形成两个以上的楔形空间，楔形空间内有圆柱滚子 11 和弹簧 12，圆柱滚子分别与弹簧、挡片和深孔内壁接触，利用双向摩擦自锁的原理工作，测量体不能绕移动方向旋转。

本技术方案的工作原理：

检测装置操作时，首先在深孔的两端装配好左端盖 2 和右端盖 4，从而确定其中心孔的位置，两个中心孔同轴。打开光发射器 1，发出光信号，光发射器 1 发出的光束先后穿过左端盖 2、右端盖 4 中心处的通孔，调整光接收器 5 的位置，使光照在光接收器 5 中心部位，光发射器 1 与光接收器 5 位置调整好后，固定光发射器 1，去掉左端盖 2 和右端盖 4。放入测量体 3，使光信号穿过测量体 3 的通孔，射向光接收器 5。测量体 3 沿平行于光束的方向移动。当孔直线度误差较小时，光接收器 5 能接收到稳定持续的光信号；当孔直线度误差较大时，光接收器 5 能接收的光信号变化大。根据光接收器的信息，求深孔直线度。

6.9.3 装置结构

图6-26为基于小孔过光的直线度检测装置示意图。图6-27为刚性驱动装置,通过前驱动杆驱动万向联轴节,使测量体移动。图6-28为线绳驱动装置,通过线绳驱动测量体,使测量体移动,测量体具有楔形结构。图6-29为测量体弹簧组合体的剖视示意图。

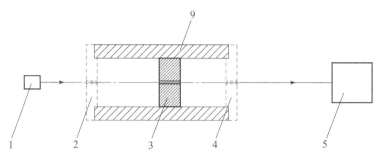

图6-26 检测装置示意图

1—光发射器;2—左端盖;3—测量体;4—右端盖;5—光接收器;9—工件

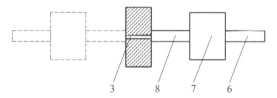

图6-27 刚性驱动装置示意图

3—测量体;6—前驱动杆;7—万向联轴节;8—后驱动杆

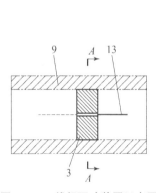

图6-28 线绳驱动装置示意图

3—测量体;9—工件;13—线绳

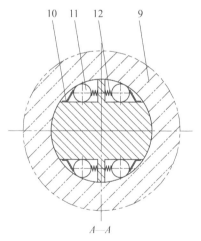

图6-29 测量体弹簧组合体的剖视示意图

9—工件;10—挡板;11—圆柱滚子;12—弹簧

6.9.4 技术特点及有益效果

本技术方案有以下特点。

(1)测量体3中部设计有小直径的贯通孔,光发射器1发出的光束直径大于贯通孔直径，光发射器 1 发出的光束穿过测量体 3 的贯通孔，光接收器 5 上接收到完整的圆形光斑；根据光接收器的接收光斑的信息，求深孔直线度。

（2）测量体 3 为弹性材料，始终与深孔内壁贴合。测量体 3 由弹性材料或为多个弹簧和其他零件的组合体，测量体外径随深孔直径的变化而变化，从而满足自定心功能，使测量体 3 的贯通孔与工件深孔轴线始终保持一致。

本技术方案具有以下有益效果。

（1）可以检测小直径深孔的直线度。检测小直径深孔的直线度，一直是深孔加工领域的难题。前面提到的检测装置，仅适用于检测直径较大的孔。

（2）光接收器放在深孔的外面，简化了设计，减少了所需的零部件，可防止信号在深孔内被屏蔽。减小了因电线阻挡光线而出现连接故障的可能性。

（3）采用万向联轴节或者楔形结构防止测量体在检测过程中发生旋转。

（4）测量体可以根据深孔直径自动定心。

6.10　基准导向滑动式直线度检测装置

6.10.1　技术领域与背景

直线度检测需要获取被测深孔零件的实际轴线，最常见的方法是通过与被测量对象接触而获得深孔实际轴线模型。例如，利用塞规检测的方案，利用游标卡尺测量两端壁厚进行对比的方案，利用侧头沿孔运动带动杠杆位置变化的检测方法等。量规检验法是生产实践中通常使用的深孔零件直线度误差评估方案，检测时将量规放入孔内，通过深孔零件的倾斜产生沿孔轴线方向的重力分力以提供量规通过的作用力。若量规顺利通过，则认为直线度误差值较小，零件加工精度较高。若量规通过时产生卡顿，则认为直线度误差值较大，零件加工精度较低。现有技术中光敏传感器常常是移动的，因此，光敏传感器到光源的距离是变化的。由此可能引起光斑中心的自动变化，难以获得很高的孔直线度检测精度。

本技术方案的目的：利用光学原理检测孔直线度或其他形位误差，提高检测精度。

6.10.2　检测原理

本技术方案旨在克服上述缺点，提供一种基于零件导向滑动式的直线度检测装置如图 6 - 30 所示。采用光学方法，运用激光放大误差原理检测深孔类零件直线度。装置包括驱动部分、探测部分、光学部分以及后处理部分；其中驱动部分包括导向体 1、滑动体 2；探测部分包括探测杆 9、探测头 10、支座 4；探测头 10 位于孔内，与孔壁接触；光学部分包括光发射器 7、光线 8、光接收器 11；后处理部分包括显示器 12 与运算器 13。

在检测时，人手或驱动部分带动探测部分或带孔工件 3 沿导向体 1 运动；探测杆 9 能够绕其支点进行空间内的运动，探测头 10 位于探测杆 9 上；探测杆 9 能够随探测头 10 的变化而摆动；光发射器 7 与探测杆 9 连接，所发出的光线 8 射向光接收器 11；探测杆 9 位置的变化引起光发射器 7、光线 8 和光接收器 11 上光斑位置发生变化；显示器 12 能够反映光斑位置的变化，运算器 13 为独立装置或与显示器 12 制作为一体。被测零件沿导向体 1 滑动时，探测头 10 随孔轴线的弯曲而径向移动，导致探测杆绕球副 5 发生摆动。此时，探测杆上的光发生器发出的光线在光接收器上形成的光斑位置会发生变化，使用运算器记录光斑位置的变化，最终拟合成为被测带孔工件的轴线模型。

带孔工件 3 或探测部分的运动方向与铅垂线的夹角小于或等于 45°。竖直放置可以减少探测部分的弯曲变形，借助重力消除其间隙。人工或驱动部分使带孔工件 3 或探测部分相对于基准部分移动；探测部分能够绕支点在空间内运动，其中探测头与孔壁接触；光线 8 及光斑随探测部分的运动而变化；光斑位置或其变换后的信息可被显示出；光线 8 从孔的外部或内部穿过；光线的长度大于或小于或等于工件的长度，前者可以将误差放大后显示出。在一次检测中，光发射器 7 到光接收器 11 之间的距离是不变的，利于提高检测精度。

探测杆 9 可以采用整体式探测杆或分体式探测杆。

采用球副或球轴承或者其他结构，使探测杆 9 可以在空间内摆动。

为了防止探测杆 9 旋转，使用防转装置 6 限制探测杆的旋转，下面介绍两种防转方案。

方案一：

使探测杆或其一部分具有方形横截面，防转装置具有与方形截面成间隙配合的方形孔，固定设置的方形孔，则可以限制探测杆绕工件轴线旋转的自由度。探测杆具有三角形截面时，防转装置的三角形孔可以防转。探测杆外轮廓和防转装置内轮廓具有圆形以外的横截面，因此，防转装置可以防止探测杆绕孔轴线的旋转。

方案二：

借助力的作用防止探测杆旋转。例如，可以通过电磁力防止探测杆旋转，施加于探测杆的电磁力矩主分量与探测杆绕孔轴线旋转的趋势相反。

为了提高检测精度，消除或调整探测杆 9 与其旋转支点之间的间隙，支座位于孔的上方或下方。其他相关零件的位置也随支座位置而变化。读数部分显示光斑位置或其变换后的信息。所谓变换后的信息可以是放大、缩小、转置、转化后的数据，也可以是拟合后的孔轴线或其他形式。

使带孔工件 3 沿导向体 1 运动，探测头 10 在孔的入口位置、出口位置所对应的光斑位置是一致的。

光线 8 从孔的外部射向光接收器 11，也可从孔的内部射向光接收器。探测头设有通孔，光线穿越所述的通孔。

6.10.3　装置结构

图 6 – 30 为基于零件导向滑动式的直线度检测装置结构示意图。

6.10.4　技术特点及有益效果

本技术方案具有以下特点。

（1）采用被测零件滑动，光发生器与光接收器固定的方式，在一次测量中，光发射器 7 与光接收器 11 之间的距离始终保持不变，利于提高检测精度。

（2）探测部分设有球副或球轴承或球关节，使探测部分能够绕支点摆动。

（3）采用装置竖直放置的检测方式，可以减少探测部分的弯曲变形。

本技术方案具有以下有益效果。

（1）利用激光放大原理检测深孔直线度或其他形位误差。

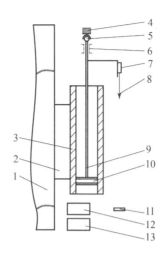

图 6 - 30　基于零件导向滑动式的直线度检测装置结构示意图

1—导向体；2—滑动体；3—带孔工件；4—支座；5—球副；6—防转装置；7—光发射器；
8—光线；9—探测杆；10—探测头；11—光接收器；12—显示器；13—运算器

（2）在测量中，光源到光敏传感器的距离是确定的，利于提高检测精度。

（3）竖直放置减少探测杆等零件受重力引起的弯曲变形，减少检测误差。

6.11　一种光线长度恒定的直线度检测装置

6.11.1　技术领域与背景

现有技术中，光发射器相对于光接收器常常是移动的，因此，光源到光敏传感器的距离是变动的。当光发射器或传感器本身制造质量和精度不高时，光斑不稳定，且其中心会有漂移，从而影响孔直线度检测精度。

当光发生器与探测头不处于同一轴线时，在检测过程中，探测杆可能会相对带孔工件发生旋转。导致光接收器接收到的光信号位置发生变化，从而造成测量误差，鉴于此，本节提出一种光线长度恒定的直线度检测装置。

6.11.2　检测原理

一种光线长度恒定的直线度检测装置如图 6 - 31 所示，包括探测装置、导向基准、驱动装置、光学装置、支撑装置、读数装置，其特征在于：带孔工件或探测装置运动方向与水平面的夹角小于或等于 45°；驱动装置或人工使工件或探测装置相对于导向基准移动；探测装置一端有支点，能绕支点在空间内摆动，另一端与孔壁接触；光学装置的光线及光斑随探测装置的摆动而变化；读数装置显示光斑位置或其变换后的信息；光线从孔的外部或内部穿过；光学装置有光发射器、光线、光接收器，光线的长度大于或小于或等于工件的长度，在一次检测中，光发射器到光接收器之间的距离是不变的。

如图 6 - 31 所示，检测装置操作时，先将带孔工件 1 固定在滑动体 2 上，滑动体 2 固定在导向体 3 上，可以移动导向体 3 来带动带孔工件 1 移动；调整导向体 3 位置，使探测头 5 进入带孔工件 1 一端，此时光发射器 9 发射出的光线通过探测头 5 所附带的过光孔 6 被光接收器 7 所接收；探测头 5 在带孔工件 1 内移动过程中，如果带孔工件 1 的直线度发生改变，探测头 5 就会带动探测杆 4 产生一定角度的偏斜，探测杆 4 以球副 11 为中心发生偏斜时，光发射器 9 所发出的光线也会随之偏斜，光接收器 7 接收到的光斑位置就会发生改变，通过处理光斑位置变化的信息就可以得到被测工件的直线度。

通常情况下，在孔的检测过程中，探测杆不会自动发生绕工件轴线的旋转，但是在特殊情况下，探测杆旋转会导致光接收器接收到的数据失真，影响最后计算结果。

为了防止探测杆旋转，可以使探测杆或其一部分具有方形横截面，防转装置具有与方形截面成间隙配合的方形孔，固定所设置的方形孔，便可以限制探测杆绕工件轴线旋转的自由度。探测杆具有三角形截面时，防转装置的三角形孔可以防转。总之，探测杆外轮廓和防转装置内轮廓具有圆形以外的横截面，因此，防转装置可以防止探测杆绕孔轴线的旋转。需要说明的是，探测杆外轮廓与防转装置内轮廓之间应有微小的间隙，如果完全没有间隙，则探测杆不能摆动，从而影响功能的实现。由于存在间隙，防转装置不能完全防止探测杆的旋转，只能在一定程度上具有防转功能。也就是说，探测杆有可能具有绕孔轴线的小的旋转，由于间隙较小，其旋转角度也较小，故可以忽略不计。

也可借助力的作用防止探测杆旋转。例如，让探测杆外部或其延伸、放大部分与弹性材料接触，这些材料与弹性杆表面的摩擦力很大，能够通过摩擦力阻止探测杆的旋转。同时，这些弹性材料容易变形，不会影响探测杆绕支座的运动。

还可以通过电磁力防止探测杆旋转。例如，探测杆或其延伸、放大部分受到电磁力，电磁力矩主分量与探测杆绕孔轴线旋转的趋势相反。

6.11.3 装置结构

图 6-31 为一种光线长度恒定的直线度检测装置的结构示意图。

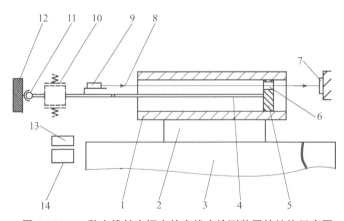

图 6-31 一种光线长度恒定的直线度检测装置的结构示意图

1—带孔工件；2—滑动体；3—导向体；4—探测杆；5—探测头；6—过光孔；7—光接收器；8—光线；

9—光发射器；10—弹性体；11—球副；12—支座；13—显示器；14—运算器

6.11.4 技术特点及有益效果

本技术方案具有以下特点。

（1）在一次检测过程中，光发生器与光传感器之间的距离不发生变化，避免了光发生器与光接收器本身对检测结果造成的影响。

（2）通过电磁防转装置或其他方式限制探测杆绕被测工件旋转的自由度，在检测过程中，可防止探测杆旋转对检测结果造成影响。

本技术方案具有以下有益效果。

（1）卧式放置，仪器中心低，比较稳定，操作方便。

（2）当光线的长度大于工件的长度时，可以将误差显示得更为明显，即可以将误差放大后显示出；在一次检测中，光发射器到光接收器之间的距离是不变的。以上方面利于提高检测精度。

（3）置于孔内的部分直径小，不仅适用于大孔检测，也适用于小直径孔的检测。

（4）通过获得相对于基准的孔的轴线上各部位的位置，可求得孔轴线的直线度，还可以借助现有技术获得孔相对于其定位基准的其他形位误差，如垂直度、平行度、倾斜度等。

6.12 一种多功能高精度测量装置

6.12.1 技术领域与背景

在机械制造中，经常使用的测量工具有角尺、卡钳、光滑量规、成套量块、千分尺和游标卡尺等。除了机械测量工具，还有一批光学测量工具。在机械制造中应用的有投影仪、工具显微镜、光学测微仪。气动量仪是一种适合在大批量生产中使用的测量工具。电学测量工具利用了电感原理。以数字显示测量结果的坐标测量机得到越来越广泛的应用。在机械制造过程中推广与电子计算机相结合的坐标测量机数量不断增加。还出现了计算机数字控制的各种专用测量工具。现有技术中，一台测量设备往往只能测量单一或为数不多的质量指标的检测。多功能测量设备比较少。结构简单、价格低、使用方便的多功能测量工具更少。

本技术方案提供一种多功能高精度的测量工具，测量或监测的对象可以是产品的尺寸、形状位置或其误差，也可以是生产或实验过程中被测物体的变形、磨损等。

6.12.2 检测原理

根据附图对本技术方案原理进行说明，如图6-32、图6-33所示，测量装置中包括驱动装置、探测装置以及运算交互工具。驱动装置由导向体1与驱动件2组成。探测装置包括支座4、转动副5、支架6、光发射器7、光线8、探测杆9、探测头10、光接收器11。光接收器上有光敏传感器，如PSD，可以获得高的检测精度。运算交互工具包括显示器12与运算器13，用于数据处理以及信息输出。

本技术方案中，被测物体可以卧式或立式放置。图6-32示为被测物体卧式放置的检测方式。对于立式的情况，参照图6-33，部件的位置应该做相应调整。

测量方法一：导向体 1 静止，让被测物体 3 沿导向体 1 平移，而探测装置沿导向体 1 平移。在图 6 – 32 中，采用现有技术稳定地放置被测物体；使其左右平移，如果其厚度不均匀，则通过本装置及其相应数学计算，可以得到被测物体厚度及厚度的变化值。特别需要说明的是：采用本装置，当光线的长度大于被测工件长度时，光斑变化值大于工件厚度的变化，因此，即使工件厚度变化很小，也可以检测出这种很小的变化。即本装置具有很高的分辨率，能够实现高精度检测。在一次检测中，光线的长度是不变的，光斑形状比较稳定，也利于提高检测精度。可以采用本装置测出工件表面的斜度。同理，利用上述方法，可以测出多种工件的垂直度、平行度、倾斜度、直线度等。当探测头位于孔内或外圆上时，可以测出孔或轴母线甚至轴线的直线度。将探测头换成粗糙度探针，可以测量粗糙度。

测量方法二：导向体 1 静止，被测物体 3 静止；探测装置沿导向体 1 左右平移。同样可以测量被测物体的尺寸，多种工件的垂直度、平行度、倾斜度、直线度，孔或轴母线甚至轴线的直线度。也可以测量粗糙度。

测量方法三：让被测物体 3（带孔零件）绕其轴线旋转，探测装置没有沿孔轴线的左右平移，探测装置的支座 4 固定，如图 6 – 33 所示。结合现有技术，可以测量出孔或外圆的圆度、粗糙度。如果让被测物体 3（带孔零件）在绕其轴线旋转的同时，兼有轴向移动，还可以测出孔或外圆的圆柱度。结合现有技术还可测量出孔或外圆的尺寸、孔或外圆相对于其他表面的跳动度、同轴度、位置度及其他形位误差。

测量方法四：让被测物体 3（带孔零件）静止，让探测装置绕轴线旋转。同样可以测量出孔或外圆的圆度、粗糙度、圆柱度、尺寸、跳动度、同轴度、位置度及其他形位误差。

6.12.3 装置结构

图 6 – 32 为卧式放置检测外表面的结构示意图。图 6 – 33 为立式放置检测内表面的结构示意图。

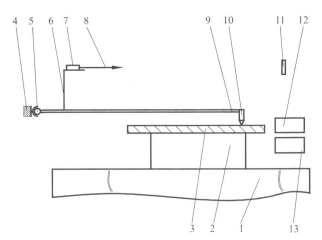

图 6 – 32 卧式放置检测外表面的结构示意图

1—导向体；2—驱动件；3—被测物体；4—支座；5—转动副；6—支架；7—光发射器；
8—光线，9—探测杆；10—探测头；11—光接收器；12—显示器；13—运算器

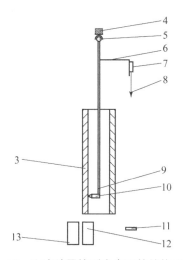

图 6 - 33　立式放置检测内表面的结构示意图

3—被测物体；4—支座；5—转动副；6—支架；7—光发射器；8—光线；9—探测杆；
10—探测头；11—光接收器；12—显示器；13—运算器

6.12.4　技术特点及有益效果

本技术方案具有以下特点。

（1）可根据被测物体的特性，选择卧式或立式放置的方式进行检测；并且探测头可内置或外置于被测物体，可分别检测被测物体的内外表面，功能性强。

（2）基于光发生器与光接收器的数据获取方式，可实现高精度的检测。

本技术方案具有以下有益效果。

（1）当光线的长度大于工件的长度时，可以将检测结果显示得更为明显，即可以将被测部位的特征放大后显示；在一次检测中，光发射器到光接收器之间的距离是不变的，光斑稳定。以上方面利于提高检测精度。

（2）可以测量尺寸、平行度、垂直度、倾斜度、角度、圆度、圆柱度、粗糙度、位置度、轮廓度等多种参数。

（3）可以用于产品质量检测，也可以用于生产过程、科学实验中监测变形、磨损等。

（4）可以通过计算机技术拟合被测部位形状、形貌。

第7章

深孔加工装备设计

深孔零件的工艺性差，本章阐述为提高深孔加工工艺在深孔加工装备方面的探索。

7.1　一种带有电磁转差离合器的深孔钻镗床

7.1.1　技术领域与背景

深孔加工设备种类繁多、各有特点，深孔钻镗床作为其主要分支，在深孔加工中起着重要作用。针对不同尺寸、材料的工件，深孔钻镗床需要不同的进给速度。尺寸、材料特征差别较大的工件，所需的进给速度差别可能比较大，仅仅依靠传统的齿轮变速机构来调节进给速度，远远达不到加工的需要。不合理的进给速度不仅会降低工件的加工质量，还会损坏刀具。因此，实现深孔钻镗床进给速度的大范围调节显得尤为必要。

深孔加工难度大，加工工作量大，是机械加工中的关键性工序。深孔机床上常采用BTA系统、枪钻系统等。BTA系统属于内排屑系统，主要由中心架、授油器、钻杆联结器、冷却润滑油路系统组成。深孔加工时，切削液通过授油器从钻杆外壁与已加工表面之间的环形空间进入，到达刀具头部进行冷却、润滑，并将切屑经钻杆内部向外推出。由于切屑不接触已加工表面，故不会将其擦伤，保证了工件的加工精度。

通常情况下，深孔钻镗床的进给电机与齿轮变速机构相连，由于进给电机常常为恒速电机，仅依靠齿轮变速机构对进给速度进行调节，调节范围有限。

本节介绍了一种带有电磁转差离合器的深孔钻镗床，扩大深孔钻镗床加工过程中进给速度调节范围，满足深孔加工慢速进给的需要，提高深孔加工质量，以实现进给速度在较大范围内调节的功能。

7.1.2　工作原理

深孔钻镗床主要包括三相异步电动机、电磁转差离合器、测速发电机、控制器、变速机构、滚珠丝杠等零部件。三相异步电动机和电磁转差离合器组成电磁调速装置，其经过初步调整后由变速机构进一步调速，变速机构输出轴通过联轴器与滚珠丝杠相连。本技术方案解决了深孔钻镗床工作中进给速度调节范围小的问题，扩大了调速范围和加工范围，提高了工件加工精度，延长了刀具寿命。

1. 基本工作原理

深孔钻镗床如图7－1所示。工作时三相异步电动机9作为原动机使用，其所提供的动力经电磁转差离合器 8 调速后输出，通过变速机构 5 的齿轮传动完成二次调速，以获得理想的转速，并由变速机构 5 的输出轴输出。变速机构 5 的输出轴与联轴器 4 的一端固定连接，联轴器 4 的另一端则与滚珠丝杠 3 固定连接。因此，变速机构 5 的输出轴便将旋转速度传递给滚珠丝杠 3，滚珠丝杠 3 的旋转运动转化为进给座的直线运动，从而实现刀具的进给。

如图 7-1 所示，带有电磁转差离合器的深孔钻镗床主要包括主轴箱 1、床身 2、滚珠丝杠 3、联轴器 4、变速机构 5、测速发电机 6、接线盒 7、电磁转差离合器 8、三相异步电动机 9、控制器 10、电线 11、右螺钉 12、中螺钉 13、固定螺钉 14、左螺钉 15、右销钉 16、左销钉 17、丝杠支座 18。

三相异步电动机 9 与电磁转差离合器 8 通过右螺钉 12 固定连接，电磁转差离合器 8 通过中螺钉 13 与接线盒 7 固定连接。接线盒 7 与测速发电机 6 通过固定螺钉 14 固定连接，与控制器 10 通过电线连接。

床身 2 的右端通过螺钉固定连接上述相关零部件。变速机构 5 为齿轮传动，通过多级变速来满足高速、中速、低速进给的需要。它主要由变速传动机构和操纵机构组成。将电磁转差离合器 8 的输出轴与变速机构 5 的主轴连接起来，利用传动轴和齿轮以及其他传动件将动力传递到变速机构的主轴，对电磁转差离合器 8 的输出转速做进一步的调节，通过改变传动比改变变速机构主轴运行状态，实现更大范围内的变速。

经二次调速后，输出转速由变速机构 5 的输出轴输出给联轴器 4，联轴器 4 的左端通过左销钉 17 与滚珠丝杠 3 相连接，从而将输出轴的旋转运动转变为进给座的直线运动，实现刀具的进给。

2. 调速原理

以下结合图 7-1 对本技术方案的调速原理做进一步阐述。

三相异步电动机 9 作为原动机使用，电磁转差离合器 8 由电枢和磁极两部分组成，这两部分都能自由旋转，电枢与三相异步电动机 9 同轴连接，并由三相异步电动机 9 的主轴带着它转动，作为主动部分。磁极则用联轴节与输出轴相连，作为从动部分。电枢形状为杯形，上面有绕组，磁极则由铁芯和绕组两部分组成，绕组由可控硅整流电源励磁。当磁极内励磁电流为零时，电枢与磁极间无任何电磁联系，电枢旋转，磁极不转；当磁极内通入励磁电流时，就会产生磁场，由于电枢与磁极间有相对运动，电枢就会因切割磁感线而感应出涡电流，涡电流与磁极的磁场作用产生转矩，使磁极跟着电枢同方向旋转，并通过联轴节将运动传给输出轴，只要调节磁极内通入的励磁电流的大小，就可调节输出转速。

测速发电机 6 用于测量电磁转差离合器 8 的输出转速。当转速上升时，测速发电机 6 的输出电压增大；当转速下降时，测速发电机 6 的输出电压减小。测速发电机 6 将测得的电压反馈到控制器 10，控制器 10 经过可控整流，产生脉冲信号，调整脉冲信号，就可调整输出转速。

以上原理参见韩瑞东等的期刊论文《电磁转差离合器在电机调速中的应用》和郭学民等的期刊论文《YCT 电磁调速电机及其现场应用》。

7.1.3 结构设计

图 7-1 为一种带有电磁转差离合器的深孔钻镗床结构示意图。

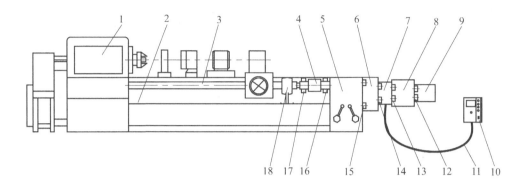

图7-1 一种带有电磁转差离合器的深孔钻镗床结构示意图

1—主轴箱；2—床身；3—滚珠丝杠；4—联轴器；5—变速机构；6—测速发电机；7—接线盒；
8—电磁转差离合器；9—三相异步电动机；10—控制器；11—电线；12—右螺钉；13—中螺钉；
14—固定螺钉；15—左螺钉；16—右销钉；17—左销钉；18—丝杠支座

7.1.4 技术特点及有益效果

本技术方案具有以下特点：将电磁转差离合器和变速机构相结合，调速方便，具有较大范围内调节进给速度的功能。钻镗深孔时可以低速进给，快速退回，操纵机构比较简单，占用空间较小，能满足深孔加工要求。合理的切削速度还有利于提高刀具耐用度。

本技术方案具有以下有益效果：所设计的深孔钻镗床，将三相异步电动机9与电磁转差离合器8组成的电磁调速装置用于进给系统，与传统的齿轮变速机构配合使用，实现了进给速度在更大范围内的调节，扩大了加工范围。同时通过获得更加合理的进给速度，提高工件的加工质量，延长刀具使用寿命。

7.2 一种带有摆线针轮减速器的深孔钻镗床

7.2.1 技术领域与背景

深孔钻镗床是完成深孔加工的主要设备，深孔加工往往需要在低速下平稳进行。其原因如下：第一，深孔刀具刚度低；第二，刀具切削刃部需要充分冷却和润滑以减小刀具刃部的磨损；第三，便于断屑，使切屑能够及时、顺利地排出。利用T2120深孔钻镗床加工动车车轴中孔时，动车车轴材料为EA4T钢，具有较高的强度和良好的韧性，使得刀具易磨损，耐用度降低，且EA4T钢在钻削过程中黏性较高，极不容易断屑，更增加了加工的难度。因此，实现深孔加工过程中的低速、平稳进给显得尤为必要。

深孔加工过程中，工件左端安装在主轴末端的定位夹紧装置中，工件的右端装在中心架上，或以工件右端的预制顶尖孔定位于排屑器前端的60°空心顶尖上。它的作用是在钻头进入工件前确定钻头的正确位置，并保障钻头切入工件的过程中不会抖动。钻头的柄部夹持在进给座左端的定位孔中。输油器将液压泵、油管输送过来的高压切削液送入切削区。切屑由钻头外部排屑槽或内出屑口向后逸出至排屑器的空腔，由机床后部进入集屑盘。切削液返回油箱，经严格过滤后重新进入油泵，以循环使用。由于深孔加工是在封闭或半封闭的状态下进行的，钻头的状况难以观察。低速平稳进给可在一定程度上防止切削状态的异常，适应了深孔刀具刚性差的特点，利于钻头的冷却、润滑、排屑。

通常情况下，机床的进给传动链从主轴开始，经进给换向机构、挂轮传至进给箱。从进给箱传出的运动，一条路线经丝杠带动溜板箱，使刀架做纵向运动；另一条路线经光杠和溜板箱，带动刀架做纵向或横向的机动进给，将 CA6140 车床改造为深孔机床时可以采用原有的部分进给传动机构。

本技术方案提出一种带有摆线针轮减速器的深孔钻镗床，利用摆线针轮减速器使伺服电机高速旋转的电机轴得到减速，实现深孔加工中进给系统的低速平稳运行，提高工件的加工质量，顺利断屑、排屑，延长刀具使用寿命。

7.2.2　工作原理

一种带有摆线针轮减速器的深孔钻镗床，包括主轴箱、床身、滚珠丝杠、联轴器、摆线针轮减速器、伺服电机等零部件。伺服电机通过右螺钉与摆线针轮减速器固定连接，面板上的 O 形座通过左螺钉与摆线针轮减速器固定连接，并使摆线针轮减速器的输出轴顺利通过 O 形座，摆线针轮减速器的输出轴与联轴器固定连接，输入轴与伺服电机的主轴相连，联轴器与滚珠丝杠固定连接。本技术方案可保证深孔加工刀具低速、平稳进给，提高工件的加工精度，同时能够满足刀具切削刃部的充分冷却和润滑，延长刀具使用寿命。

1. 摆线针轮减速器

如图 7 - 2 所示，机床采用了摆线针轮减速器 6。这里只简单介绍摆线针轮减速器，更为详细的结构与工作过程请读者阅读专著《摆线针轮行星传动》。摆线针轮减速器 6 的输入轴位于其右端，与伺服电机 8 的主轴相连。摆线针轮减速器 6 的输出轴位于其左端，轴线水平放置，通过联轴器 4 与滚珠丝杠 3 相连。摆线针轮减速器 6 全部传动装置可分为三部分：输入部分、减速部分和输出部分。在输入轴上装有一个错位 180° 的双偏心套，在偏心套上装有两个称为转臂的滚柱轴承，形成 H 机构，两个摆线轮的中心孔即为偏心套上转臂轴承的滚道，并由摆线轮与针齿轮上一组环形排列的针齿相啮合，以组成齿差为一齿的内啮合减速机构。

当摆线针轮减速器输入轴带着偏心套转动一周时，由于摆线轮上齿廓曲线的特点及其受针齿轮上针齿限制之故，摆线轮的运动成为既有公转又有自转的平面运动，在输入轴正转一周时，偏心套亦转动一周，摆线轮于相反方向转过一个齿，从而得到减速，再借助输出机构，将摆线轮的低速自转运动通过销轴，传递给输出轴，从而获得较低的输出转速。

2. 速度与动力的传递

如图 7 - 2 所示，深孔钻镗床工作开始时，伺服电机 8 将动力通过高速旋转的主轴传给摆线针轮减速器 6 的输入轴，高速旋转的输入轴经摆线针轮减速器 6 的减速部分，以较低的速度由输出轴输出，输出轴将低速运动传给联轴器 4，并传至滚珠丝杠 3，滚珠丝杠 3 通过旋转带动进给座向前移动。由于滚珠丝杠 3 旋转速度较慢，所以进给座的移动速度也较慢，从而实现刀具在加工过程中的低速进给。

摆线针轮减速器 6 固定安装于面板 9 上，面板 9 利用螺钉与深孔钻镗床床身 2 固定连接，面板上开有 O 形座，面板 9 上的 O 形座通过左螺钉 5 与摆线针轮减速器 6 固定连接。

如图 7-3 所示，O 形座位于面板 9 上端的中间位置，摆线针轮减速器 6 的输出轴与 O 形座中心同轴，故可顺利通过 O 形座。

如图 7-2 所示，通过右销钉 11 将联轴器 4 的右端部和摆线针轮减速器 6 的输出轴固定连接。联轴器 4 的右端部与输出轴的末端之间装有弹簧 10，能够将联轴器的右端部快速压紧，使其处于正确的位置，以利于两者的连接。联轴器左端部则用左销钉 12 与滚珠丝杠 3 固定连接，传递扭矩。

3. 挠性连接

上述的联轴器 4 为挠性联轴器，可以消除摆线针轮减速器的输出轴与滚珠丝杠之间的同轴度误差。如图 7-4 所示，挠性联轴器 4 包括端部 14、联轴套 15、球面垫圈 16、柔性片 17、垫圈 18、锥环 19。柔性片分别由螺钉和球面垫圈 16、垫圈 18 压紧，位于两边的联轴套 15 之间。如图 7-4、图 7-5 所示，轴和联轴套 15 靠锥环 19 连接。

如图 7-4 所示，通过柔性片 17、螺钉和球面垫圈 16、垫圈 18 与两边的联轴套 15 传递力矩，轴和联轴套 15 靠锥环 19 摩擦连接。其优点是不用制键槽，无反向间隙，轴与轮毂之间的位置可任意调节。

如图 7-5 所示，轴 20 和轮毂 24 表面均为光滑圆柱面，外环 22 外表面为圆柱，内表面为圆锥；内环 23 外表面为圆锥，内表面为圆柱。当拧紧压环 21 的螺钉时，锥面使外环胀大、内环缩小，分别与轮毂 24 和轴 20 压紧，其摩擦力矩用以传递转矩。

如图 7-6 所示，若需传递的力矩较大，则可用两套至三套锥环。

7.2.3 结构设计

本结构设计如图 7-2～图 7-6 所示。图 7-2 为一种带有摆线针轮减速器的深孔钻镗床结构示意图。

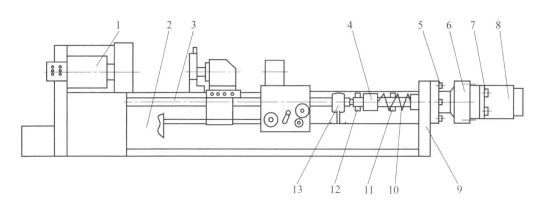

图 7-2 一种带有摆线针轮减速器的深孔钻镗床结构示意图

1—主轴箱；2—深孔钻镗床床身；3—滚珠丝杠；4—联轴器；5—左螺钉；6—摆线针轮减速器；7—右螺钉；
8—伺服电机；9—面板；10—弹簧；11—右销钉；12—左销钉；13—丝杠支座

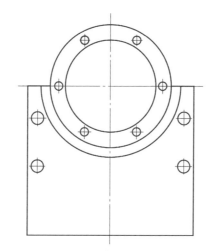

图 7 - 3　面板结构示意图

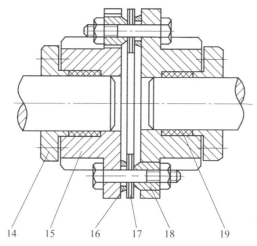

图 7 - 4　挠性联轴器结构示意图

14—端部；15—联轴套；16—球面垫圈；17—柔性片；18—垫圈；19—锥环

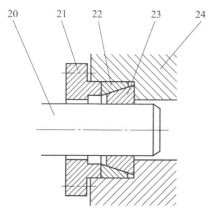

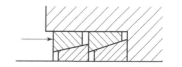

图 7 - 5　锥环连接原理图　　　　图 7 - 6　同时使用两套锥环的结构示意图

20—轴；21—压环；22—外环；23—内环；24—轮毂

7.2.4 技术特点及有益效果

本技术方案具有以下特点。

（1）采用摆线针轮减速器代替传统的齿轮减速箱。摆线针轮减速器具有减速比大、效率高、运行平稳、噪声较低的特点，不仅可以满足深孔钻削时低速进给的要求，而且减小了工艺系统的振动，可提高加工质量、延长刀具使用寿命。

（2）采用了减小传动误差的技术措施。摆线针轮减速器输出转速通过滚珠丝杠转变为进给运动，在本设备中可以对滚珠丝杠进行预紧和预拉伸。另外，摆线针轮减速器与滚珠丝杠的降速比大，可以缩短传动链、减小传动误差。

（3）设备连接部分采用了挠性联轴器。挠性联轴器可以消除摆线针轮减速器的输出轴与滚珠丝杠之间的同轴度误差。所采用的锥环连接可以避免开键槽，降低运动的不平衡性，使设备运行平稳、振动较小。

本技术方案具有以下有益效果：将摆线针轮减速器用于深孔钻镗床，实现了深孔钻镗床在大行程下的慢速进给。摆线针轮减速器具有减速比大、效率高、运行平稳、噪声较低的特点，大大降低了深孔钻镗床在工作过程中的振动，减小加工误差。挠性联轴器的使用可以消除摆线针轮减速器的输出轴与滚珠丝杠之间的同轴度误差，提高加工精度。

7.3 一种带辅助支撑的圆柱深孔镗削装置

7.3.1 技术领域与背景

镗削圆柱浅孔已有成熟的技术，镗削圆柱深孔通常有两种方法：采用定尺寸刀具和不采用定尺寸刀具。两种方法都存在技术问题：①采用定尺寸刀具的缺点是退回刀具时，有时会损坏已加工好的表面，比如出现划伤现象，在已加工表面留下划痕，导致加工表面粗糙度不合格；②不采用定尺寸刀具，而采用其他形式的刀具，可以完成镗孔过程，但孔较深时，镗杆尺寸大，悬伸量多，镗杆容易变形，影响加工质量。

设计一种镗削装置，刀具退回时不会划伤已加工表面。当孔较深时，镗杆变形小，镗出的孔形状位置误差小，另要求镗削装置原理简单、适应性广，可方便地应用于普通车床等设备加工圆柱形深孔。

7.3.2 工作原理

本装置可防止在圆柱孔加工过程中刀具退回时划伤已加工表面的情况发生。当所加工孔较深时，采用本装置，可减少镗杆变形量，使所镗出的孔形状位置精度较高。装置包括镗杆、镗刀和锥面体等零件。沿镗杆的轴线方向，在镗杆的中心部位开孔；沿镗杆径向方向，在合适的位置开径向孔。镗杆的径向孔内安装镗刀；镗杆的轴向孔内设置有双锥面芯杆。双锥面芯杆的前端设置两个锥面体，且两个锥面的锥度相等，镗杆上还安装有浮动支撑装置。镗刀上开有锥孔，锥孔的轴线方向平行于镗杆轴线方向。

1. 基本结构

如图7-7所示，本圆柱深孔镗削装置包括镗杆5、镗刀7、双锥面芯杆6、圆柱芯杆17、螺纹花键芯杆 16 等数十个零件。比较重要的几个零件分别以图 7–8 至图 7–13 单独表达。

如图 7–7 所示，主轴箱 4 上安装有三爪卡盘 3，将带有圆柱形深孔的工件 2 夹住，中心架 18 托住工件的另一端。

如图 7–7、图 7–12、图 7–13 所示，镗杆 5 的一端与溜板 15 固定连接，随溜板 15 沿床身导轨的移动做轴向进给。在镗杆 5 的横向（即径向）孔内安装有可相对于镗杆移动的镗刀 7，在镗杆中心的轴向孔内放置有双锥面芯杆 6、圆柱芯杆 17 和螺纹花键芯杆 16。在镗杆上安装有螺套 8、弹簧 11 和浮动支撑。工业内窥镜 19 安装于镗杆 5 上所开设的孔内。镜头位置设计以能观察刀尖处的切削过程为宜，但应离刀尖一定距离，防止铁屑损坏镜头前安装的透明密封盖 20。

如图 7–7、图 7–8 所示，镗刀 7 有锥孔，双锥面芯杆 6 的前部锥面穿过镗刀所开设的锥孔，与其一侧接触，另一侧不接触，即相对偏置。镗刀 7 上安装有对称的两长螺钉 25。长螺钉 25 穿出镗杆 5 上所开设的导向槽并通过拉簧 26 与固定在镗杆 5 上的短螺钉 24 相连。导向槽在沿镗刀轴线方向上的长度大于长螺钉的直径，由于拉簧 26 对镗刀的拉紧作用，镗刀 7 的锥孔与双锥面芯杆 6 的锥面始终保持单边接触。

2. 浮动支撑

如图 7–7 所示，双锥面芯杆 6 的两个锥面锥度相等。

螺套 8 固定于镗杆，在螺套一个端面上加工有两个孔，用于拧紧或松开螺套。浮动支撑的支撑杆 10 穿过螺套中心的孔，双锥面芯杆 6 的后锥面与浮动支撑的支撑杆 10 的一端接触；支撑杆 10 的另外一端与工件 2 接触。支撑杆 10 穿过固定于镗杆的螺套 8 中部的孔，可相对于螺套运动。支撑杆 10 一端带有环形凸起，环形凸起与螺套之间安装弹簧 11。弹簧 11 使得支撑杆 10 的一端始终与双锥面芯杆 6 的锥面接触。

如图 7–7 所示，浮动支撑杆与锥面接触一端有斜度，斜度与锥面锥度相一致。浮动支撑上加工有键槽，可拆卸的防转销 9 卡入键槽内，防止浮动支撑绕自身轴线回转。浮动支撑及其支撑杆 10 有两个，两个支撑杆 10 接近相互垂直，图 7–7 所示的支撑杆 10 的轴线与镗刀 7 的轴线平行或接近平行，且相对于镗杆轴线位于镗刀刀尖的对侧，帮助承担径向切削力；由图 7–7、图 7–12、图 7–13 能够理解，另外一个浮动支撑杆轴线与镗刀轴线空间交错，且垂直或接近垂直。由图 7–13 可以判断，在深孔加工过程中，该浮动支撑位于镗刀下方，帮助承担切削力。设置两个浮动支撑作为辅助支撑，可以提高镗杆的刚度，减少镗杆的变形，提高加工质量，这对孔较深和镗杆较长的镗削加工作用显著。

3. 镗刀径向运动操纵机构

如图 7–7 所示，手柄 14 与花键套 12 相连或做成一体。手柄 14 一端滚花；另外一端穿过支架 13 的孔，可以旋转，但不能相对于支架 13 轴向移动。手柄 14 上固定有刻度盘 23，刻度盘 23 沿圆周均匀分布刻度线，用以反映手柄的转角。刻度盘 23 的一个端面与支架 13 的一侧接触。在手柄 14 穿过支架 13 的部位，通过紧定螺钉 22 固定有环套 21，环套 21 的一个端面与支架 13 的一侧接触。支架 13 与溜板 15 固连，随溜板移动。

如图 7–7 所示，当镗孔完毕需要退回刀具时，旋转手柄 14，通过花键套 12 带动螺纹花键芯杆 16 旋转，并带动螺纹花键芯杆 16 及与之相连的圆柱芯杆 17 和双锥面芯杆 6 相对于镗杆 5 轴向移动。拉簧 26 和双锥面芯杆 6 前锥面的作用，使得镗刀径向运动，镗刀离开已镗削加工过的表面，防止镗刀在退回过程中划伤已加工好的表面。当双锥面芯杆 6 轴向运动时，镗刀径向运动。与此同时，浮动支撑也径向运动。而且运动方向具有协调性，即镗刀离开已加工表面时，浮动支撑也离开已加工表面。

如图 7-7 所示，双锥面芯杆 6 与圆柱芯杆 17 和螺纹花键芯杆 16 同轴。双锥面芯杆 6 的右端有孔，与圆柱芯杆 17 左端小直径部位相配，并有一销横向穿过两者的配合部位。圆柱芯杆 17 的右端有孔，与螺纹花键芯杆 16 左端小直径端相配合，并有一销横向穿过两者的配合部位。螺纹花键芯杆 16 上螺纹部分与镗杆右端孔内的螺纹相配合。螺纹花键芯杆 16 上的花键部分与花键套 12 相配合，花键部分及其邻近部位有在空间上与芯杆轴线交错垂直的多条刻度线。花键部分刻度线可帮助了解和核对螺纹花键芯杆 16 轴向移动距离，由此帮助了解和核对与之相连的镗刀径向运动距离。

7.3.3 结构设计

本结构设计如图 7-7～图 7-13 所示。图 7-7 为带辅助支撑的圆柱深孔镗削装置结构示意图。

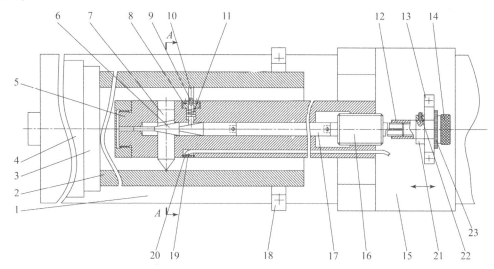

图 7-7 带辅助支撑的圆柱深孔镗削装置结构示意图

1—床身；2—工件；3—三爪卡盘；4—主轴箱；5—镗杆；6—双锥面芯杆；7—镗刀；8—螺套；9—防转销；10—支撑杆；11—弹簧；12—花键套；13—支架；14—手柄；15—溜板；16—螺纹花键芯杆；17—圆柱芯杆；18—中心架；19—工业内窥镜；20—透明密封盖；21—环套；22—紧定螺钉；23—刻度盘

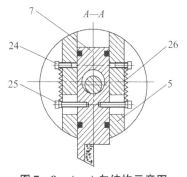

图 7-8 A—A 向结构示意图

5—镗杆；7—镗刀；24—短螺钉；25—长螺钉；26—拉簧

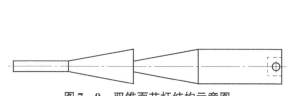

图 7-9 双锥面芯杆结构示意图

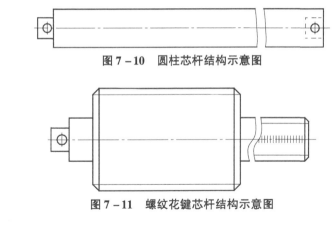

图 7 – 10　圆柱芯杆结构示意图

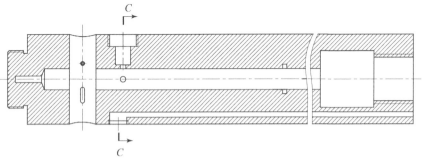

图 7 – 11　螺纹花键芯杆结构示意图

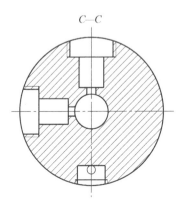

图 7 – 12　镗杆结构示意图

图 7 – 13　镗杆 *C—C* 向结构示意图

7.3.4　技术特点及有益效果

本技术方案具有以下特点。

（1）提出了在深孔加工过程中避免刀具划伤已加工表面的技术方案。采用双锥面芯杆同时控制浮动镗刀与浮动支撑，通过调节螺纹花键芯杆上刻度线与刻度盘的相对位置，精确调整镗刀径向移动距离，从而控制孔径的大小。一把镗刀可加工不同直径的深孔，实现一刀多用，节省了刀具成本。同时，在刀具退回时，可使刀具离开已加工表面，避免划伤表面，满足工件粗糙度质量要求。

（2）设置两个浮动支撑，提高了深孔刀具系统的刚度。浮动支撑承担着径向切削力和切向切削力，克服了深孔加工过程中镗杆容易变形的缺点，保证了孔径的一致性，使镗出的孔形状位置误差小。

（3）设置了双锥面芯杆，有利于提高加工精度。两个锥面的锥度相同，保证了刀具的径向运动与浮动支撑的径向运动相一致，浮动支撑在加工过程中能够始终发挥作用。浮动支撑一端与已加工过的表面接触，在一定程度上可以起到自为基准和自动导向的作用，提高定位精度。

（4）装置中设计了工业内窥镜，便于观察加工过程。一旦发现问题可以及时处理，避免通常深孔加工过程中难以观察切削状况的弊端。

本技术方案具有以下有益效果：①在刀具退回的过程中，弹簧使得刀具离开已加工表面，因此不会划伤所加工的深孔内壁。②在深孔加工过程中，辅助支撑增加了刀具系统的刚度，即使镗削较深的孔，镗杆变形较小，所加工的深孔形状、位置精度较高。

7.4 基于双锥面原理的锥形深孔镗削装置

7.4.1 技术领域与背景

镗削锥形浅孔容易实现，镗削很深的锥孔则有难度，其难度在于：①镗刀杆悬伸量大，镗刀杆容易变形，不容易保证加工质量；②在浅孔加工中，镗刀径向进给容易实现；而镗削很深的锥孔时，镗刀难以按照镗削浅孔时的方式径向进给；③不容易直接采用枪钻、BTA钻和DF钻等深孔加工技术完成锥形深孔的镗削。20世纪，人类初步攻克了机械加工中深孔加工的技术难题，形成了比较科学的现代深孔加工技术。但该技术主要适用于圆柱深孔的加工，其主要特点是采用自导向定尺寸圆柱形刀具，而圆锥孔直径是变量，直接套用深孔加工技术进行锥形深孔的加工有一定难度。

在设计时，人们尽量避免圆锥深孔结构，但在有些情况下，难以完全回避圆锥深孔结构。比如，铸造或注塑时，有时即使是圆柱形工件，往往也要设计拔模斜度，这就使模具带有锥孔，而当零件较长时，模具具有锥形深孔。在实际工作中，人们探索了加工锥形深孔的一些方法，但这些方法往往具有局限性，如只能适应孔径较大的情况，或者只能适应孔不是太深的情况。

针对锥形深孔的加工困难，提供一种原理简单、适应性广并能与现代数控技术结合，可精确控制锥孔孔径的锥形深孔镗削装置。

7.4.2 工作原理

锥形深孔加工难度较大。本技术方案为锥形深孔加工提供了一种实用装置。装置包括镗杆和镗刀等零件，利用双锥面的特点，实现锥形深孔的镗削。利用浮动支撑增加镗杆的刚度，减少锥形深孔加工过程中镗杆的变形。装置可用于车床或专用深孔加工机床，利用脉冲发生器控制伺服电动机的旋转速度，使刀具的纵向运动与横向运动协调，达到控制锥度的目的。

1. 组成与功能

为了便于理解本节——7.4 节 "基于双锥面原理的锥形深孔镗削装置" 内容，建议读者首先阅读本书上节——7.3 节 "一种带辅助支撑的圆柱深孔镗削装置"。与 7.3 节相同的内容，本节不再介绍。

本技术方案应用于普通车床的结构示意图如图 7 – 14、图 7 – 15 所示，应用于深孔机床的结构示意图如图 7 – 15、图 7 – 16 所示。

如图 7 – 14 所示，回转件 32 的一端通过轴承安装在输油器座 29 上，另一端与工件端面接触。输油器支架 30 根据工件的长度被固定于床身 1 导轨的某一位置，输油器支架 30 上固连有输油器座 29。在输油器座 29 的壁上加工两个大小不同的径向通孔。从输油器座 29 壁上的小的径向通孔进入高压油液，通过输油器座 29 壁上的轴向孔推压回转件 32 以防止其轴向松动。从大孔进入另外的油液，油液通过输油器座 29 的内部空间和回转件 32 的内部空间，流向镗刀处，冲走铁屑，冷却、润滑加工部位，铁屑和油液从工件的另外一端流出。

如图 7 – 14 所示，在三爪卡盘处设置有三爪卡盘罩 37，在主轴孔被人工事先封堵的情况下，铁屑和油液在离心力的作用下，从卡爪之间的空间甩到三爪卡盘罩内以防止油液甩出，产生污染。三爪卡盘罩的下部设有排屑口，采用现有技术及时将铁屑清理以防止铁屑堆积。

系统多处设置密封件，以防止油液泄漏。

如图 7 – 14 所示，在螺套 12 底面与镗杆 7 接触的部位，以及螺套 12 中心孔孔壁上都加工有环槽，螺套 12 底面的环槽内和螺套 12 中心孔孔壁的环槽内分别放置螺盖密封件 17 和浮动支撑密封件 15。

如图 7 – 14 所示，在镗刀 10 锥形孔的两侧分别加工有环形槽，槽内放置镗刀密封件 11，防止泄漏。镗杆 7 的一端安装有镗杆端盖 6，镗杆端盖 6 端面开设环形槽，槽内放置镗杆端盖密封件 8 以防止泄油。在圆柱芯杆 28 外圆与镗杆内孔接触处安装有 O 形密封件 22。

2. 实施例 1

本技术方案可应用于普通车床，如图 7 – 14、图 7 – 15 所示。

普通车床本身具有镗孔的功能，在普通车床上配备本技术方案所提及的必要零件，进行简单的改制，可以完成锥形深孔镗削。

溜板运动的动力来源为车床主电动机。当镗杆 7 随溜板 26 沿床身导轨做轴向进给时，伺服电机 25 及与之相连的联轴器 24、花键套 23 所形成的整体也随之移动。

当伺服电机 25 不旋转时，所加工出来的深孔为圆柱深孔。只有当伺服电机 25 旋转时，所加工出来的深孔才是圆锥深孔。具体过程如下。

当伺服电机 25 旋转时，花键套 23 通过联轴器 24 带动螺纹花键芯杆 27 旋转，螺纹花键芯杆 27 及与之相连的圆柱芯杆 28、双锥面芯杆 9 相对于镗杆 7 轴向移动。通过双锥面芯杆 9 前锥面的作用，使得镗刀径向运动，加工出锥孔。花键部分的多条刻度线可帮助了解和核对螺纹花键芯杆 27 轴向移动距离，由此帮助了解和核对与之相连的镗刀 10 径向运动距离，即帮助了解和核对锥孔孔径。

需要补充说明的是：当双锥面芯杆 9 轴向运动时，它使浮动支撑杆 14 沿径向运动。当所镗的孔变小时，由于双锥面芯杆 9 两个锥面锥度相同，浮动支撑杆 14 也向内运动，与所加工的孔相适应。浮动支撑杆 14 起到了增加刀具系统的刚度的作用。

伺服电机 25 通过伺服电机控制装置 31 与脉冲发生器 36 相连,脉冲发生器与车床主轴 5 相连。车床主轴每一转发出 n 个脉冲,经过电线传至所配备的伺服电机控制装置 31。根据程序的指令,伺服电机控制装置 31 输出所需的脉冲,让伺服电动机 25 做所需速度的回转运动。这样镗刀沿工件轴线方向的运动与镗刀沿工件径向运动相协调,保证加工出的锥度合乎要求。

3. 实施例 2

本技术方案还可用于深孔机床,如图 7 – 15、图 7 – 16 所示。

专用深孔加工机床进给运动的动力与普通车床不同,普通车床进给动力来源于主电动机,而专用深孔加工机床驱动三爪卡盘的电机为主电动机。刀具进给运动的动力常常不是来自主电动机,而是来自一个专用的进给电机。因此,在本实施例中,脉冲发生器 36 通过伺服电机控制装置 31 与伺服电机 25 相连,通过进给电机控制装置 41 与进给电机 42 相连,使进给电机 42 的运动与伺服电机 25 的运动相协调,保证加工出的锥度合乎要求。

7.4.3 结构设计

本结构设计如图 7 – 14 ~ 图 7 – 16 所示。

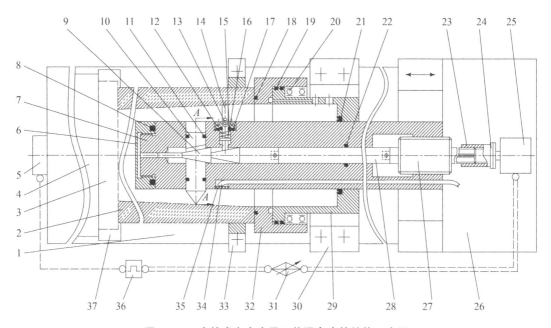

图 7 – 14 本技术方案应用于普通车床的结构示意图

1—床身;2—工件;3—三爪卡盘;4—主轴箱;5—主轴;6—镗杆端盖;7—镗杆(详细结构见图 7 – 12、图 7 – 13);
8—镗杆端盖密封件;9—双锥面芯杆(详细结构见图 7 – 9);10—镗刀;11—镗刀密封件;12—螺套;
13—防转销;14—浮动支撑杆;15—浮动支撑密封件;16—弹簧;17—螺盖密封件;18—工件密封件;
19—密封圈;20—轴承;21—Y 形密封件;22—O 形密封件;23—花键套;24—联轴器;25—伺服电机;
26—溜板;27—螺纹花键芯杆(详细结构见图 7 – 11);28—圆柱芯杆(详细结构见图 7 – 10);
29—输油器座;30—输油器支架;31—伺服电机控制装置;32—回转件;33—中心架;
34—工业内窥镜;35—透明密封盖;36—脉冲发生器;
37—三爪卡盘罩

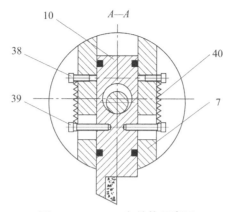

图 7 - 15　*A - A* 向结构示意图

7—镗杆（详细结构见图 7 - 12、图 7 - 13）；10—镗刀；

38—短螺钉；39—长螺钉；40—拉簧

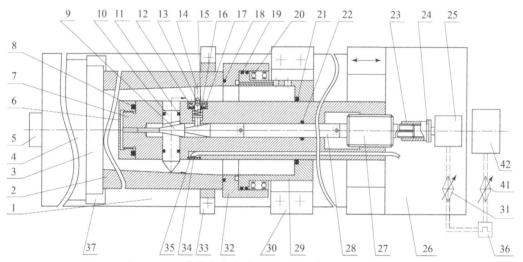

图 7 - 16　本技术方案应用于深孔机床的结构示意图

1—床身；2—工件；3—三爪卡盘；4—主轴箱；5—主轴；6—镗杆端盖；7—镗杆（详细结构见图 7 - 12、图 7 - 13）；

8—镗杆端盖密封件；9—双锥面芯杆（详细结构见图 7 - 9）；10—镗刀；11—镗刀密封件；12—螺套；13—防转销；

14—浮动支撑杆；15—浮动支撑密封件；16—弹簧；17—螺盖密封件；18—工件密封件；19—密封圈；20—轴承；

21—Y 形密封件；22—O 形密封件；23—花键套；24—联轴器；25—伺服电机；26—溜板；

27—螺纹花键芯杆（详细结构见图 7 - 11）；28—圆柱芯杆（详细结构见图 7 - 10）；

29—输油器座；30—输油器支架；31—伺服电机控制装置；32—回转件；

33—中心架；34—工业内窥镜；35—透明密封盖；36—脉冲发生器；

37—三爪卡盘罩；41—进给电机控制装置；42—进给电机

7.4.4　技术特点及有益效果

本技术方案具有以下特点。

（1）解决了锥形深孔镗削的问题。由伺服电动机及其控制装置、花键套、螺纹机构控制锥体的轴向运动，进而利用锥面控制刀具径向运动，满足加工锥孔的需要，简单、精确、可靠地加工高质量锥形深孔。通过刻度线，进一步掌握和核对锥孔直径，防止零件尺寸超差。

（2）在车床上应用本装置时，使脉冲发生器传给伺服电机 25 一定数量的脉冲，从而建立主轴旋转与伺服电机运动的联系。镗刀沿工件轴线方向的运动与镗刀沿工件径向运动相协调，保证加工出所要求的锥度。

（3）在专用深孔加工机床上应用本装置时，刀具进给运动的动力来自专用的进给电机。因此，通过脉冲发生器 36 使得伺服电机 25 与进给电机 42 的运动相协调，所加工出的锥度符合要求。

本技术方案具有以下有益效果：既可在普通机床应用，也可在深孔机床应用，适用范围广，有利于提高镗削加工的成型精度。

7.5 超声波振动辅助深孔加工装置

7.5.1 技术领域与背景

在深孔加工刀具中，枪钻作为精密深孔加工的主要手段，其使用量越来越大。目前难加工材料应用日益广泛。钻削难加工金属材料、非金属材料、复合材料等，加工过程中刀具磨损严重、表面质量差、加工效率低甚至无法进行加工。

为解决目前深孔加工中刀具寿命、深孔质量、加工效率方面的问题，提供一种利用超声技术的新的深孔加工装置。装置包括超声波发生器、内部为中空结构的钻杆、内设空腔且一端开口的连接柄、内设换能器的集成式变幅杆及其他零件。本装置将超声振动加工应用于枪钻的深孔加工中，提高断屑效果，减小切削力，降低切削温度和表面粗糙度，延长刀具寿命。

针对枪钻钻削难加工材料刀具磨损严重、表面质量差等技术问题，提供一种超声波振动辅助深孔加工装置。

7.5.2 工作原理

为便于描述，将枪钻钻杆的刀刃部位称为前端，将枪钻钻杆的尾部称为后端。

本方案采用超声加工技术，向枪钻沿加工方向施加超声频振动进行振动加工。

如图 7-17、图 7-18 所示，本装置包括内部为中空结构的钻杆 1、集成式变幅杆 2、连接柄 10 等零件。钻杆 1 与集成式变幅杆 2 的前端部（即输出端）固定连接。集成式变幅杆 2 的中后部位于连接柄 10 的大端空腔内部并与连接柄 10 固定连接。如图 7-19 所示，换能器 30 与集成式变幅杆 2 相连。

超声波发生器 27 能将 220 V 或者 380 V 的工频交流电源转换成超声频电振荡。换能器 30 通过磁致伸缩或压电效应将超声频电振荡转换为超声频机械振动。由于进行机械加工的振动能量所要求的振幅（几十微米到几百微米）大于换能器 30 直接输出的振动（微米级），所以利用集成式变幅杆 2 将换能器 30 输出的机械振幅放大，以满足深孔加工要求。集成式变幅杆 2 带动枪钻做超声振动。振动通过钻杆 1 传至参加切削的钻杆刀刃部位（即前端）。

集成式变幅杆 2 之所以能扩大振幅，是因为当其截面面积减小时，能量密度增大，振幅也就随截面面积的减小而扩大。当变幅杆的固有频率与激振频率相等时，则处于共振状态，可得到最大的振幅。读者需要更为详细的原理时可阅读"超声波特种加工技术"。

本装置中超声振动的方向与枪钻轴向一致，沿钻杆 1 轴向振动。超声振动在换能器 30 和集成式变幅杆 2 中的传播形式为纵波，钻杆 1 的长度、变幅杆长度与超声波长之间应保持合适的比例关系，使得超声振动由换能器 30 传向钻杆刀刃部位过程中，在集成式变幅杆 2 与连接柄 10 的连接截面（图 7 - 19 的 A—A 线）上处于节点位置、在刀刃部位处于波峰或波谷位置，让刀刃部位得到足够振幅的超声波机械振动。

1. 旋转运动

在深孔加工过程中，枪钻根据需要可以旋转或不旋转。图 7 - 17 所示为枪钻可以旋转的加工方式。连接柄 10 带动集成式变幅杆 2 以及钻杆 1 绕钻杆轴线转动，这样即可进行相关的深孔加工。以下阐述相应的机械结构。

装置后部的连接柄 10 应适应所采用的深孔加工机床，包括普通车床、枪钻机床、加工中心等机床，以便方便地将其安装在相应机床上。工作时，将连接柄 10 连接到机床上，前套筒 3、后套筒 8 与机床固定，与机床不发生相对转动。

如图 7 - 17 所示，前套筒 3 内有一对第一轴承 4，支撑连接柄 10 的前部。两个第一轴承 4 之间设有一个轴承套筒 24。前挡圈 18 的小端外圆与前套筒 3 的内孔配合，前挡圈 18 的大端内侧与前套筒 3 的右端接触。前套筒 3 通过两个第一轴承 4、轴承套筒 24 及前挡圈 18 进行轴向定位。

如图 7 - 17 所示，后套筒 8 内的一对第二轴承 11 支撑连接柄 10 中部。后套筒 8 的左端接触前挡圈 18；后套筒 8 右部接触后挡圈 12。后套筒 8 通过第二轴承 11、后挡圈 12 以及前挡圈 18 进行轴向定位。

2. 换能器供电

换能器 30（图 7 - 19）处于旋转中，为向其供电，需要采用碳刷。

为形成供电回路，前文所述前套筒 3、后套筒 8、轴承、轴承套筒 24 都由金属制成。

如图 7 - 17 所示，在前套筒 3 的后部壁上开有孔，孔内竖直设有一个保持静止的碳刷座 20。在前挡圈 18 上部壁上也开有孔，与碳刷座 20 下端外圆相配合。在前挡圈 18 下部壁上不开孔。碳刷座 20 内部为空腔结构，分为两部分，上下贯通，空腔上部孔径小于下部孔径。

尼龙座 23 固定于连接柄 10，其上套有集流环 22；碳刷座 20 的空腔内设有碳刷 21 和弹簧 19，碳刷 21 能在碳刷座 20 内垂直于钻杆 1 轴向方向滑动，弹簧 19 使碳刷 21 底部与旋转的集流环 22 始终保持接触。

紧固环 6 通过螺纹副固定在连接柄 10 上，通过尼龙挡圈 5 压住集流环 22，防止其轴线移动。

集流环 22 与紧固环 6 以及其他金属零件保持绝缘。

连接柄 10 带动尼龙座 23、集流环 22、尼龙挡圈 5、紧固环 6、连同集成式变幅杆 2 以及钻杆 1 绕钻杆轴线转动。

换能器 30（图 7 - 19）也随集成式变幅杆 2 以及钻杆 1 绕钻杆轴线转动。换能器 30 应与超声波发生器相连，才能获得超声频率。超声波发生器 27 的正极经过碳刷座 20 的空腔与碳刷 21 相连接；超声波发生器 27 的负极与前套筒 3 相连接。因此，换能器 30 的正极与集流环 22 相连接；换能器 30 的负极与前套筒 3 相连接。

钻削前应检测碳刷 21 是否与集流环 22 保持良好接触，否则要对碳刷 21 进行打磨处理，以保证集成变幅杆 2 内的换能器 30 正常工作。

3．油液供应

如图 7-17、图 7-18 所示，整个装置与一个供油器 26 相连接，提供切削油，用于加工时排屑以及对刀具的冷却、润滑。来自供油器 26 的切削油经过供油螺栓 15 的通孔、供油孔 32、供油空腔 31、集成式变幅杆 2、钻杆 1 中心孔到达钻杆 1 的刀头部位，最后和切屑一起从钻杆 1 的排屑槽排到所加工孔外。

4．油液密封

如图 7-19 所示，集成式变幅杆 2 与连接柄 10 结合面通过内密封圈 25 进行密封，防止油液在结合面处径向流动。

如图 7-17 所示，后外密封环 13、后内密封环 14、后密封圈 9 用于防止油液向右泄漏。前外密封环 7、前内密封环 16、前密封圈 17 用于防止油液向左泄漏。

工作前，要在本装置的轴承处以及密封部位注油，以保证良好的润滑性能和密封性能。

7.5.3 结构设计

本结构设计如图 7-17~图 7-19 所示。

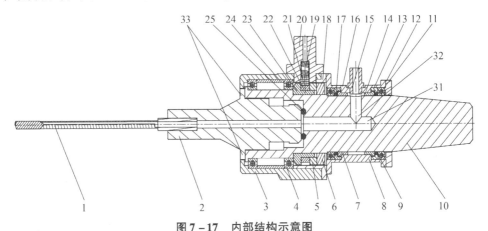

图 7-17　内部结构示意图

1—钻杆；2—集成式变幅杆；3—前套筒；4—第一轴承；5—尼龙挡圈；6—紧固环；7—前外密封环；8—后套筒；
9—后密封圈；10—连接柄；11—第二轴承；12—后挡圈；13—后外密封环；14—后内密封环；15—供油螺栓；
16—前内密封环；17—前密封圈；18—前挡圈；19—弹簧；20—碳刷座；21—碳刷；22—集流环；
23—尼龙座；24—轴承套筒；25—内密封圈；31—供油空腔；32—供油孔；33—圆板

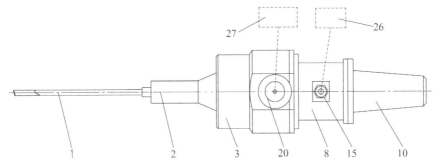

图 7-18　外部结构示意图

1—钻杆；2—集成式变幅杆；3—前套筒；8—后套筒；10—连接柄；15—供油螺栓；
20—碳刷座；26—供油器；27—超声波发生器

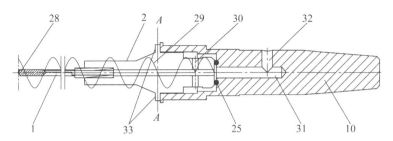

图 7-19　钻杆、集成式变幅杆及连接柄的连接示意图

1—钻杆；2—集成式变幅杆；10—连接柄；25—内密封圈；28—钻杆刀刃部位；
29—超声振动；30—换能器；31—供油空腔；32—供油孔；33—圆板

7.5.4　技术特点及有益效果

本技术方案具有以下特点。

（1）将超声技术引入深孔精加工过程。装置包括超声波发生器 27、换能器 30、集成式变幅杆 2 等零部件。超声波发生器 27 将工频交流电能转变为有一定功率输出的超声频电振荡。换能器 30 将超声波电振荡转变为超声机械振动，其振幅很小。集成式变幅杆 2 使振幅得到扩大。钻杆 1 与集成式变幅杆 2 固连，因此振动传递给钻杆 1，形成超声振动切削，使深孔加工过程断屑能力得到提高，有效减小切削力并提高表面加工质量。

（2）通过集流环为旋转的换能器供电。超声波发生器 27 的正极与碳刷 21 相连接；超声波发生器 27 的负极与前套筒 3 相连接。碳刷 21 与集流环 22 紧密接触。换能器 30 的正极与集流环 22 相连接；换能器 30 的负极与前套筒 3 相连接。

（3）本装置适应深孔加工流体排屑与冷却。供油器 26 流出的油液经过供油螺栓 15、连接柄 10 内的供油孔 32、供油空腔 31、集成式变幅杆 2 中心空腔、钻杆 1 空腔，为深孔加工提供冷却液。

本技术方案具有以下有益效果：本装置将超声振动加工应用于枪钻的深孔加工，形成振动切削，提高断屑效果、减小切削力、降低表面粗糙度值。本装置可以方便地安装在普通车床、枪钻机床等设备上，使用时需添加的其他辅助设备较少。供油装置可在枪钻转动过程中顺利完成切削油的供应，及时排屑，降低切削部位温度，减小刀具磨损，延长刀具寿命。

7.6　一种枪钻刃磨装置

7.6.1　技术领域与背景

枪钻是钻削直径小于 16 mm 深孔的主要刀具，其使用量越来越大。枪钻在使用前或使用过程中，均有进行刃磨的需要。由于枪钻的几何形状较为复杂，角度、尺寸精度要求高，所以手工修磨难以达到要求，必须使用专用的枪钻刃磨装置，才能磨削出符合要求的枪钻，从而发挥出枪钻的优势。一般枪钻的主切削刃的后刀面为平面，与后刀面为螺旋面的枪钻相比，前者散热面积小，寿命短，钻削时轴向力大，加工精度低。但现有枪钻刃磨装置通常只能将枪钻的主切削刃的后刀面磨成平面，而无法将枪钻的主切削刃的后刀面磨成螺旋面。

刃磨标准麻花钻的后刀面的方法有两种，即圆锥面磨法和螺旋面磨法。两种方法在靠近钻头中心处，所磨出的后角不同。采用螺旋面磨法磨出的钻头钻削时轴向力较小。枪钻刃磨质量对于深孔加工的精度影响较大。

针对现有枪钻刃磨后刀面问题，提供一种新型枪钻刃磨装置，可以将枪钻主切削刃的后刀面磨成螺旋面。

7.6.2　工作原理

本装置用于解决这一问题。装置有底座、第一旋转轴、第二旋转轴、内外角刻度盘、后角刻度盘、内外角锁紧手柄、后角锁紧手柄等零件。其套筒支座内设有主轴套筒，主轴套筒内固定有 V 形定位块，主轴套筒后端设有端面凸轮和进给手轮。本装置基于新的结构，适用于对枪钻进行刃磨，可将枪钻的主切削刃的后刀面磨成螺旋面。

1. 组成与功能

如图 7 - 20、图 7 - 21 所示，待刃磨的枪钻 24 安装于主轴套筒 9 内。枪钻刃磨装置有底座 1。为了获得不同的枪钻后角，底座 1 上水平安装有第一旋转轴 2，本装置可绕第一旋转轴 2 旋转。第一旋转轴 2 垂直穿过后角刻度盘 7，后角刻度盘 7 边缘开有弧形槽，弧形槽内有后角锁紧轴，后角锁紧轴水平安装于底座 1 上，其两端连接有后角锁紧手柄 8。

如图 7 - 20 所示，为使枪钻获得不同的内外角，本装置可绕第二旋转轴 4 旋转。第二旋转轴 4 上端垂直穿过套筒支座 5 的底部，下端垂直穿过内外角刻度盘 3，第二旋转轴 4 下端还连接有内外角锁紧手柄 6。

如图 7 - 20 所示，套筒支座 5 内部设有主轴套筒 9，拧紧主轴套筒锁紧螺钉 18 可使主轴套筒固定于套筒支座 5，松开主轴套筒锁紧螺钉 18 则可使主轴套筒 9 与套筒支座 5 分离。套筒支座 5 有分度刻线。磨削枪钻的过程中，根据需要可以使主轴套筒 9 相对于套筒支座 5 旋转或轴向移动。

如图 7 - 22 所示，主轴套筒 9 内部固定有 V 形定位块 10。主轴套筒 9 上的枪钻压紧螺钉 11，用于夹持和稳定所磨削的枪钻。枪钻压紧螺钉 11 下端固定有与 V 形定位块 10 位置正对的锁紧块 12。

主轴套筒 9 外部前端刻有水平刻线（图中未示出），与套筒支座 5 外部的分度刻线配合使用。

如图 7 - 21 所示，主轴套筒 9 后端套有端面凸轮 13 和进给手轮 14。根据需要可使圆柱销 15 穿过端面凸轮 13 和主轴套筒 9，使两者固连，实现同步运动。

如图 7 - 21 所示，套筒支座 5 上设计有支架，支架上安装有靠轮 17。靠轮 17 轮缘与端面凸轮 13 前端面紧贴。如图 7 - 23 所示，端面凸轮 13 前端面设有 7 个同心圆环，即凸轮环 16。7 个凸轮环的升角依次减小。各个凸轮环的端面起伏波动，因此，当端面凸轮旋转时，将迫使端面凸轮沿其轴线前后移动。磨削枪钻时，根据实际需要选择 7 个同心圆环中的一个与靠轮 17 无间隙接触，选择方法如下：靠轮 17 轮轴上连接有靠轮换挡杆 21，利用靠轮换挡杆 21 使靠轮 17 的轮缘与不同凸轮环接触。

靠轮 17 轴线与主轴套筒 9 轴线垂直相交。

为了支撑枪钻，套筒支座 5 后端面外设置有托杆 19。托杆 19 后部套有托架 20，托架 20 设有若干个半圆槽，用于放置枪钻柄部。托杆 19 轴线与主轴套筒 9 轴线平行。

实际刃磨时，由于枪钻一般有四个面，每个面的倾斜角度不一样，刃磨时的角度可能需要多方位调整，所以将后角刻度盘 7 和内外角刻度盘 3 分别设计在上、下不同层，这样可使内、外角的调整不影响后角的大小。第一旋转轴 2 水平穿过内外角刻度盘 3。

2. 工作过程

（1）固定枪钻。如图 7-20、图 7-21 所示，工作时，底座 1 安装在工具磨床 22 的滑板平面上，通过 T 形键把工具磨床滑板 T 形槽与底座 1 连接在一起，再用螺栓紧固。将待刃磨的枪钻 24 置入主轴套筒 9 内。如图 7-22 所示，使枪钻 24 的硬质合金部分的 V 形槽贴合 V 形定位块 10 的 V 形面。然后拧紧枪钻压紧螺钉 11，使锁紧块 12 的 V 形面压紧枪钻 24 的硬质合金的圆弧面，由此将枪钻固定。

（2）定位刃磨面。如图 7-20、图 7-21 所示，通过主轴套筒 9 表面所设计的水平刻线确定 V 形定位块 10 的一个面的水平位置。通过套筒支座 5 前端的分度刻线设定枪钻刃部的水平位置。松开内外角锁紧手柄 6，可使主轴套筒 9 绕第二旋转轴 4 旋转，依靠内外角刻度盘 3 调整其旋转角度。松开后角锁紧手柄 8，可使主轴套筒 9 绕第一旋转轴 2 旋转，依靠后角刻度盘 7 调整其旋转角度。旋转进给手轮 14 可使主轴套筒 9 绕其轴线旋转，依据分度刻线调整其旋转角度。选择托架 20 上合适的半圆槽，并使托架 20 在托杆 19 上移至合适的位置，托住枪钻 24 柄部。通过上述调整，即完成枪钻刃磨面的定位，然后，沿垂直于图 7-20 纸面的方向移动滑台部件，用工具磨床的砂轮 23 对枪钻进行刃磨。

（3）刃磨。如图 7-20、图 7-21 所示，松开后角锁紧手柄 8，将后角调至所需角度后，锁紧后角锁紧手柄 8。首先磨削内角，然后再磨削外角。

①磨削内角时，松开内外角锁紧手柄 6，手握进给手轮 14，摆动主轴套筒 9，将内角调至所需角度，锁紧内外角锁紧手柄 6。然后松开圆柱销 15，使端面凸轮 13 与主轴套筒 9 的连接脱开。手握进给手轮 14，使主轴套筒 9 回转，使主轴套筒 9 上的水平刻线与套筒支座 5 分度刻线的基准线对齐，从而将枪钻外刃调到水平位置。锁紧主轴套筒锁紧螺钉 18。使工具磨床 22 的砂轮在图 7-20 中沿垂直于纸面的方向前后运动，让枪钻内刃在大于砂轮宽度的范围内相对砂轮往复运动。在图 7-20 中向右进给工具磨床的砂轮，使枪钻内刃不断移向砂轮 23，直至磨削出合适的内刃。

②内角磨削完毕后，使枪钻离开砂轮 23 一定距离。松开内外角锁紧手柄 6，手握进给手轮 14，将外角设定在所需度数上，然后锁紧内外角锁紧手柄 6。枪钻外刃的螺旋后角靠端面凸轮 13 的螺旋面生成。松开后角锁紧手柄 8，将后角调至零度位置。磨削外角时，旋进圆柱销 15，使端面凸轮 13 与主轴套筒 9 固定连接，并通过主轴套筒 9 带动枪钻一起旋转和进给。根据所钻材料的不同，选择合适的凸轮环 16，并推拉靠轮 17 的靠轮换挡杆 21，使靠轮 17 停留在凸轮环 16 七个圆环中的一个上。松开主轴套筒锁紧螺钉 18，让主轴套筒 9 能够自由转动和窜动。手握进给手轮 14，将枪钻外刃调整到所需位置。手握进给手轮 14，向前推动主轴套筒 9，施加的轴向力使凸轮环 16 紧靠靠轮 17。如图 7-21 所示，横向进给工具磨床 22，即使砂轮向右运动，使砂轮 23 端面停留在距枪钻外刃大约 0.5 mm 的位置上。此后，不再使用工具磨床的横向进给，只使用进给手轮 14。如图 7-20 所示，使砂轮垂直于纸面做往复运动，调整砂轮的位置，使枪钻外刃整个长度处在砂轮 23 端面环宽之内。由于磨削过程中，枪钻做螺旋运动，所以要求砂轮 23 端面环宽大于枪钻外刃长度 5 mm。手握进给手轮 14 向前推，使凸轮环 16 始终与靠轮 17 保持无间隙接触，同时转动主轴套筒 9，

主轴套筒 9 就会有绕自身轴线的转动与轴向的移动,这样枪钻就按照凸轮环的轨迹做螺旋运动。主轴套筒 9 在所需范围内来回转动,同时枪钻不断向砂轮 23 端面方向移动,完成磨削过程。

③磨削内、外角交点处的后角,使其交点处剩下 0.1 ~ 0.2 mm 的刃带,增加刀尖的强度。然后根据枪钻的几何形状,通过工具磨床纵向往复运动及横向进给来磨削枪钻油隙后角。

7.6.3 结构设计

本结构设计如图 7 - 20 ~ 图 7 - 23 所示。

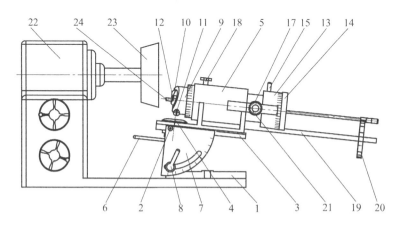

图 7 - 20 枪钻刃磨结构示意图

1—底座;2—第一旋转轴;3—内外角刻度盘;4—第二旋转轴;5—套筒支座;6—内外角锁紧手柄;7—后角刻度盘;
8—后角锁紧手柄;9—主轴套筒;10—V 形定位块;11—枪钻压紧螺钉;12—锁紧块;13—端面凸轮;
14—进给手轮;15—圆柱销;17—靠轮;18—主轴套筒锁紧螺钉;19—托杆;20—托架;
21—靠轮换挡杆;22—工具磨床;23—砂轮;24—枪钻

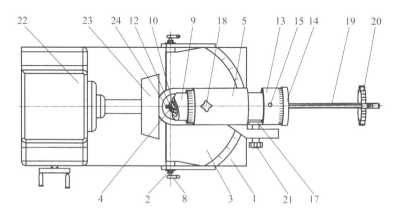

图 7 - 21 枪钻刃磨结构示意图俯视图

1—底座;2—第一旋转轴;3—内外角刻度盘;4—第二旋转轴;5—套筒支座;8—后角锁紧手柄;9—主轴套筒;
10—V 形定位块;12—锁紧块;13—端面凸轮;14—进给手轮;15—圆柱销;17—靠轮;18—主轴套筒锁紧螺钉;
19—托杆;20—托架;21—靠轮换挡杆;22—工具磨床;23—砂轮;24—枪钻

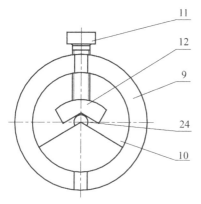

图 7-22　主轴套筒的结构示意图

9—主轴套筒；10—V 形定位块；11—枪钻压紧螺钉；
12—锁紧块；24—枪钻

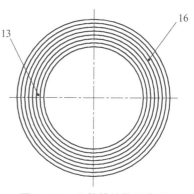

图 7-23　凸轮的结构示意图

13—端面凸轮；16—凸轮环

7.6.4　技术特点及有益效果

本技术方案具有以下特点。

（1）提供了将枪钻主切削刃的后刀面磨削成螺旋面的装置。装置设有底座 1、套筒支座 5、主轴套筒 9 等零件。主轴套筒 9 内固定有 V 形定位块 10，主轴套筒 9 后端设有端面凸轮 13 和进给手轮 14。端面凸轮 13 前端面设有若干个呈同心圆分布的凸轮环 16，靠轮 17 轮缘与端面凸轮 13 前端面的凸轮环 16 紧贴。

（2）需要时端面凸轮 13 可与主轴套筒 9 固定连接，并通过主轴套筒 9 带动枪钻一起旋转和进给，在枪钻上加工出螺旋面。靠轮换挡杆 21 可以使靠轮 17 与不同的端面凸轮环接触，从而加工出不同要求的螺旋面。

本技术方案具有以下有益效果：枪钻刃磨装置具有新的结构，可解决现有枪钻刃磨装置无法将枪钻的主切削刃的后刀面磨成螺旋面的问题。按照上述过程，可优质、高效地将枪钻的主切削刃的后刀面磨成所需的螺旋面。

7.7　锭脚中孔加工流体排屑机床及自导向钻头的设计

7.7.1　技术领域与背景

锭子是纺纱机上的关键部件之一，起着高速旋转、卷绕棉纱的重要作用，是纺织工业的象征之一，它是一种以两点支承的细长回转轴为主体的组合件。锭脚是纺机锭子的重要部件，用来支撑锭杆，相当于轴承支座，起着盛润滑油和固定的作用，大量地应用于纺织行业。其结构和力学性能的优劣直接影响锭子的运转速度和纺纱质量。

锭脚属于中孔、凸缘类零件，存在直径 15 mm、长度 110 mm 的圆柱孔要加工。多年来，纺织机械厂利用麻花钻加工锭脚。由于锭脚中孔的长径比较大，采用麻花钻钻削，存在以下问题：①必须多次退刀排屑，以免切屑堵塞，频繁退刀、进刀，工效较低，粗糙度增大；②刀具切削刃温升过高；③孔较深，麻花钻在钻孔过程中容易走偏，导致深孔形状和位置精度低。由于存在上述问题，锭脚中孔质量常常难以满足设计要求，造成工件报废，或因锭脚总体制造水平不高，影响锭子和纺机的工作性能。

实际生产中常常利用麻花钻加工大长径比锭脚中孔，加工过程存在钻头易走偏、排屑困难、粗糙度大等问题。针对上述问题，参照枪钻系统的加工原理，设计了一种流体排屑机床及自导向钻头。专用机床配有油泵、液体输送管道及排屑器，加工过程中可自动排屑。自导向钻头为单边刃结构，具有自导向功能；钻头设有油孔，所通入的具有压力的切削液冷却、润滑钻头的切削刃，并通过钻头外部前后贯通的 V 形槽排出铁屑。自导向钻头的特殊结构，有效避免了钻头的走偏，保证了锭脚中孔与外圆的同轴度，并使孔的粗糙度降低。流体排屑机床及自导向钻头可克服普通机床和麻花钻加工锭脚中孔所存在的质量缺陷，提高生产效率。

针对锭脚直径 15 mm、长度 110 mm 的圆柱底孔，设计专用流体排屑机床与自导向钻头，解决利用普通机床和麻花钻加工锭脚中孔的质量问题，提高生产效率。

7.7.2 工作原理

1. 流体排屑机床设计

图 7-24 为锭脚中孔钻削流体排屑机床原理图。

流体排屑机床为工件旋转、钻头进给式卧式机床。旋转工件 2 安装于主轴箱 1 端部的三爪卡盘中，钻杆 4 的柄部夹持在进给座 5 左端的定位孔中。输油器 6 使液压泵、油管输送过来的具有压力的切削液流经进给座 5 和钻杆 4 内部的孔道，向前进入切削区。钻杆 4 外表面有 V 形排屑槽，切屑在具有压力的切削液的作用下通过钻杆外部的排屑槽向后排出，直至排屑器 3 中的空腔，并落入集屑盘，切削液则返回油箱，经严格过滤后重新进入油泵，以循环利用。

流体排屑机床配有油泵及液体输送管道，具有压力的切削液流经自导向钻头内部孔道和外部 V 形槽，排出钻削铁屑，并对切削部位进行高效润滑和冷却，减小了切削力，显著降低了切削区的温度。

使用本专用机床不需退刀排屑，切屑会自动排出，如图 7-25 所示，排屑器用于收集切屑，并将切削液回收、冷却，循环使用。排屑器 3 与工件连接，左端有可以自由转动的钻套。为防止切屑和切削液溅出，当工件定位夹紧后，需将排屑器顶紧工件端部并密封。自导向钻头 V 形槽在排屑器的右端被与 V 形槽相配的 V 形凸起密封，以确保油液和铁屑不会从 V 形槽流出，而是完全落入排屑器。

机床主轴、排屑器、进给箱的中轴应位于一条直线上。专用机床由普通车床改制得到，进给电机为伺服电机。

上述方案克服了锭脚中孔加工过程中存在的排屑困难、冷却、润滑效果差等缺陷，大大改善了加工条件。

2. 自导向钻头设计

自导向钻头的结构与特点如下。

采用麻花钻钻削锭脚中孔时存在的主要问题之一是孔会发生偏斜，孔轴线与锭脚外圆轴线不平行。锭脚材料不均匀、铁屑的干扰、钻头磨损不均、系统的振动都会引起孔偏，且难以纠正。对于浅孔而言，即使发生偏斜，其影响也是不大的，但锭脚中孔长径比大，所用钻头的相对刚性差，偏离理想位置后，将会产生较大的误差，给高速运动的锭子的性能带来严重影响。

自导向钻头如图 7 - 25、图 7 - 26 所示，能克服上述麻花钻的不足，并具有其他优点。自导向钻头由切削部分、钻杆和钻柄构成（图 7 - 25），钻头切削部分有硬质合金刀片和两条硬质合金导向条。钻头切削部分和钻杆外部设计有贯通前后的 V 形排屑槽，供排出切屑之用；V 形槽对侧，设有油孔，供通入切削液之用。钻杆由薄壁无缝钢管轧出 V 形槽，再与钻头切削部分对焊成为一个整体。由于钻杆尾端单薄，不便于夹持，另制成一个同轴的圆柱套焊在钻杆末端，成为钻柄。钻柄的作用是与机床实现对接、承受夹持力、转矩及进给力，并在密封条件下向钻头切削部分传输具有压力的切削液。

自导向钻头的钻尖偏置于一侧，图 7 - 26 中 B 对应于外刃，C 对应于内刃，内刃与外刃的横宽之和（B + C）等于半径，切削任务由外刃和内刃完成，形成单边切削，与麻花钻的双边对称切削不同。

上述技术方案使自导向钻头具有以下特点。

（1）单边切削使钻头具有自导向功能。所设计的钻头理论上不会脱离轴线而走偏，原因在于：外刃约承担了切除全部金属量中的 3/4 的任务，为内刃切除金属量的 3 倍，外刃的径向切削分力大于内刃，两分力的合力方向指向切削刃对侧的已加工孔壁，而切削刃的对侧是钻头的导向条及与其密切配合的已加工孔壁。钻头导向条与已加工孔内表面之间的贴合，将对钻头起到定心和导向作用，保证钻头不会自动走偏。另外，内外切削刃所受的垂直切削力的合力即主切削力虽然单方向作用于钻头前刀面，并力图使钻头偏向一侧，但其结果是使钻头另一个导向条与已加工孔内表面之间贴紧，钻头并不会走偏。换言之，非对称切削的自导向钻头切削过程中抗外界干扰能力强，而对称切削的普通麻花钻平衡状态容易被干扰所打破。

（2）断屑性能好。钻孔时，外刃和内刃将被切除的金属材料分割成两部分，外刃与内刃交叉，必然使两部分切屑相遇，其交互作用利于断屑。外刃的切屑流是切屑流的主体，与内刃形成的切屑一起，在具有压力的切削液的作用下从 V 形槽中向后排出。

（3）减小孔壁的粗糙度。单边切削过程中，切削力合力实际产生的结果是钻头导向条对孔壁的挤压和碾平，从而使孔壁的加工粗糙度减小。钻头导向条为硬质合金，其硬度比工件高，且光洁，加之冷却润滑充分，孔的粗糙度降低了 1 个等级以上，可以达到铰孔的光洁度。

（4）避开了钻头横刃的不足。普通麻花钻钻削深孔时，因存在横刃，切削阻力大，切削温度高，钻头寿命短。所设计的自导向钻头，采用了内刃、外刃形式，与麻花钻切削刃不同，避开了横刃的存在，减小了钻削力，降低了切削区温度，延长了钻头使用寿命。

3. 自导向钻头的技术参数

（1）V 形槽及导向条的技术参数。为增大钻头的扭转刚度，同时使排屑空间不致过小，V 形槽开角采用 110°。

第一个导向条与主切刃平面呈 85°~90°，其前端滞后于外刃拐点 A 一定的距离 E，E 的取值范围为（0.05~0.075）D；第二个导向条与主切刃平面呈 180°，其前端滞后于外刃拐点 A 的距离取值范围为（0.1~0.15）D。

为减小钻头的进给力，保证导向条刚进入孔壁时切削平稳，导向条的前端应有 15°~30°的倒角。

（2）自导向钻头刃部几何参数。

①外刃后角 α_1 和内刃后角 α_2。外刃后角和内刃后角对钻孔精度与切屑形成有很大的影响，外刃后角 α_1 可取值 $12°$，内刃后角 α_2 的取值范围为 $10° \sim 15°$。

②刃带宽度 S 和刃带后角 α_0。在切削刃外侧，需要留有一条与钻头轴线平行的窄狭圆柱面，即刃带。刃带的宽度 S 取值范围为 $0.25 \sim 0.5$ mm。S 太小，刃带易磨损；S 过大，会增加摩擦阻力。

为改善刃带的冷却、润滑条件，后角 α_0 取值范围为 $12° \sim 30°$。

③钻头头部倒锥。为减小钻头与工件孔壁间的摩擦，保证有冷却、润滑膜产生，防止钻头导向条和切削刃表面损坏，切削部分要磨出一个 $0.04\% \sim 0.08\%$ 的微小倒锥。

7.7.3 结构设计

本结构设计如图 7-24～图 7-26 所示。

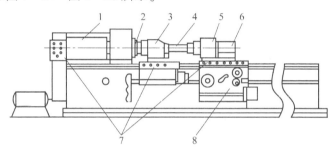

图 7-24 锭脚中孔钻削流体排屑机床原理图

1—主轴箱；2—旋转工件；3—排屑器；4—钻杆；5—进给座；6—输油器；7—控制板；8—进给箱

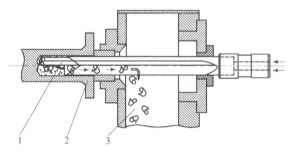

图 7-25 排屑器工作原理示意图

1—自导向钻头；2—旋转工件；3—排屑器

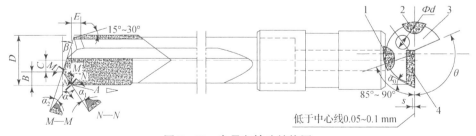

图 7-26 自导向钻头结构图

1—导向条一；2—导向条二；3—钻头体；4—硬质合金刀片

7.7.4　技术特点及有益效果

本技术方案具有以下特点。

（1）将深孔加工技术应用于锭脚零件中间孔的加工，设计了一种专用机床和自导向钻头，改变以普通机床和麻花钻加工锭脚中间孔的现有技术。

（2）专用机床配有油泵、液体输送管道及排屑器，依靠流体实现高效排屑，并有效冷却、润滑加工刀具。

（3）专用钻头具有自导向功能，可防止所加工的锭脚中孔的偏斜和弯曲。孔的加工精度高，表面粗糙度小，加工质量得到提高。专用钻头可将深孔一次加工成型，无须将孔的加工分为钻孔和铰孔两道工序，加工效率高。

本技术方案具有以下有益效果。

（1）流体排屑机床油泵所提供的切削液流经自导向钻头内孔，有效冷却、润滑切削区，并将铁屑从钻头 V 形槽排出，可延长钻头使用寿命，避免采用麻花钻需要反复进刀、退刀的操作。

（2）自导向钻头采用单边刃切削方式，实现了钻头的自导向，可保证所加工内孔与外圆的同轴度，避免孔的偏斜。钻头导向条不仅具有导向的功能，而且使孔的粗糙度由 3.2 μm 以上降低到 1.6 μm。

第8章
小直径深孔加工方案设计

以传统方法加工小直径深孔存在加工困难、制造质量差等问题。目前工业产品中难加工材料的应用日益广泛，使得小直径深孔加工问题更为突出。新型的材料不断地被开发出来，其中硬质合金、钛合金等难加工材料因其优异的热稳定性、热强度性、耐腐蚀性以及抗磨损性等性能，已广泛应用于航空航天、电子等领域。但是难加工材料往往也存在导热性能不好、韧性过强、摩擦因数大等缺点，在此类材料上加工小直径深孔及复杂形面时，传统的加工方法不能满足要求。相比之下，特种加工的优势比较明显，更容易保证加工效率与质量。

8.1 基于楔形结构的小孔电火花加工

8.1.1 技术领域与背景

考虑到实际生产效率、成本等客观因素，电火花加工目前在难加工材料的小直径深孔加工中得到广泛的应用。电火花加工可以完成导电材料的加工，不受材料自身强度、摩擦因数等物理特性的影响，采用非接触放电加工方式去除多余的材料，在难加工材料以及小直径深孔加工中具有优势。

目前电火花加工机床技术日渐成熟，设备成本较低，加工流程简单，这些优点促进了微细电火花技术的发展。近年来国内外的学者对电火花加工技术进行了许多研究工作，取得了较多科研成果，为电火花加工技术走向市场、实现商业化做出了贡献。

8.1.2 工作原理

图 8-1 为电火花加工原理，脉冲电源 2 的一极接在工具电极 4 上，另一极接在工件 1 上，将工具电极与工件电极浸泡在具有一定绝缘度的工作液 5 中。工具电极 4 在伺服控制装置 3 的驱动下，沿所在轴线进给，并与工件 1 维持一定的微小放电间隙。当脉冲电源 2 放电时，工具电极 4 与工件 1 之间的工作液 5 被击穿，形成放电通道，放电能量高度集中并产生高温将工件局部材料融化，形成小凹坑。在脉冲电源 2 的周期放电与工具电极 4 的进给下，工件 1 表面最终形成了所需要加工的形状。

现有电火花加工电极通常为圆管或圆棒。本技术方案借鉴了磨床多油楔动压滑动轴承中所采用的液体楔效应，对电极进行改进，提出了一种基于楔形结构电极的电火花小孔加工方案。

如图 8-2 所示，在电极外表面压制或加工出三条楔形浅槽，或者在电极的表面设置三条楔形凸起。这种电极在结构上与现有电火花加工所用的圆管或圆柱电极不同，由于结构的不同，其具有与现有电极不同的功能。

电火花加工为仿形加工，在使用圆柱电极加工孔时，电极可不做旋转，只进行进给运动；而在本技术方案的电火花小孔加工的过程中，由于电极表面加工有楔形，所以在加工过程中，电极需要旋转才能实现孔的加工。并且在楔形结构电极旋转的过程中，三处楔形与已加工的深孔表面形成楔形空间，绝缘液（冷却液）将进入上述楔形空间，且从楔形的大间隙流向小间隙。楔效应使液体压力升高，夹紧电极，使其始终位于已加工深孔的中心，防止电极偏斜，减小所加工小深孔轴线偏差。

所述的基于楔形结构的电极，还增大了电极与已加工孔壁之间的截面间隙，增加了工作液流动的空间，有利于提高加工过程中的排屑效率。

8.1.3　结构设计

本结构设计如图 8-1~图 8-3 所示。

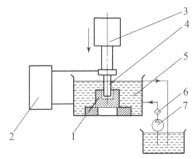 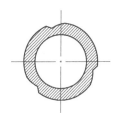

图 8-1　电火花加工原理

1—工件；2—脉冲电源；3—伺服控制装置；4—工具电极；
5—工作液；6—过滤器；7—工作液泵

图 8-2　基于楔形结构的电火花
加工电极横截面图

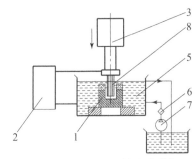

图 8-3　基于楔形结构电极的电火花加工示意图

1—工件；2—脉冲电源；3—伺服控制装置；5—工作液；6—过滤器；7—工作液泵；8—带有楔形的电火花加工电极

8.1.4　技术特点及有益效果

本技术方案具有以下特点。

（1）本技术方案所提出的电极，其基体为柱状，基体外表面设置有楔形槽或楔形凸起，楔形槽或楔形凸起与已加工的深孔表面形成楔形空间，在电极旋转的过程中，液体从楔形空间的大间隙流向小间隙，可在电极与孔壁之间形成动压油膜，产生油膜压力以稳定电极。

（2）电极截面积比加工相同孔时所用的圆柱电极截面积小，即电极与易加工孔之间的空间增大，可供更多的工作液流过，提高排屑能力与散热效率。

本技术方案具有以下有益效果：楔形电极的使用有望提高电极旋转稳定性、提高抗干扰能力、防止走偏、减小所加工小直径深孔轴线的偏差，保证小直径深孔的加工质量。

8.2　基于螺旋槽结构的小孔电火花加工

8.2.1　技术领域与背景

传统小直径深孔加工所使用的钻头与刀杆的直径小、刀杆刚度差、切屑排出困难、所加工小孔的质量较差。采用特种加工技术则相对容易，电火花加工就是其中一种。由于电火花特种加工方式不产生切削力、易于加工高硬材料等特点，因此对于脆性大、不易采用钻削加工的小直径深孔，常常采用电火花特种加工方式。

在加工高精度微小深孔时，电火花加工常存在如下问题。

（1）由于加工电极长度大，为细长杆、刚度差、变形大、加工过程中容易发生偏斜，所加工出的小直径深孔容易出现偏斜或其他形状和位置误差，造成工件报废。

（2）当孔的深径比超过5～10倍时，加工过程中会在孔底堆积电蚀产物，影响加工效率。

本技术方案旨在解决上述问题，改善电火花设备加工小直径深孔现状。

8.2.2　工作原理

电火花加工中，在工件（负电极）与电极（正电极）之间存在一定绝缘液体介质（如煤油、皂化液或去离子水等），利用两极之间产生的脉冲性火花放电的电腐蚀，使导电材料（工件）多余部分被去除。如图8-4所示，工件1与电极4分别与脉冲电源2的两端相连接。伺服控制装置3使电极与工件间经常保持一个很小的放电间隙（几微米至几百微米）。具有一定绝缘性的工作液（液体介质）5储于容器中并将电极与工件工作区淹没，其作用是产生脉冲性电火花放电，并将加工过程中所产生的金属碎屑、炭黑等电蚀产物从放电间隙中悬浮排出，对电极和工件表面也有冷却作用。

本技术方案提出了一种带有螺旋槽的电火花加工电极，如图8-4所示。这种电极在结构上与现有电火花加工所用的圆管或圆柱电极不同，由于结构的不同，其具有与现有电极不同的功能。

一般情况下，电极所加工的孔的直径大于电极。换言之，深孔内表面与电极外表面之间有间隙。上述间隙是导致电极走偏的原因之一，当振动及其他外界干扰存在时，电极更容易走偏，使所加工的小直径深孔产生轴线偏差角。电极在工作时，有冷却液从电极的中间孔流入，并从电极与所加工小深孔内壁的间隙流出，流出时带走金属碎屑、炭黑等电蚀产物。

本方案受枪、炮中的膛线的启发，在电极外圆表面加工多条螺旋浅槽，可提高电极孔内液体流动速度，产生陀螺效应。

陀螺具有定轴的特点，即不旋转的陀螺容易倒下。而旋转的陀螺不容易倒下。它具有抵抗外界干扰的能力。因此，电极带有螺旋槽后，稳定性将提高。

旋转电极的稳定性和定轴性，还可以从自行车中得到解释。自行车停止运行时，容易倒下，而自行车运行时，不容易倒下。特别重要的是：即使自行车运行的速度较慢，也不容易倒下，其根本原因在于旋转物体的陀螺效应。

超声振动发生器一端与工件相连，另一端安装光滑导向柱，光滑导向柱可沿夹具导向孔往复运动，位于夹具导向孔底部的弹簧连接光滑导向柱和夹具，使工件在所加工孔轴线方向上具有超声振动，可提高所加工孔的表面质量。上述设置可避免超声振动发生器产生的振动传递给夹具和机床，使超声振动最大限度传递给工件，高效利用振动能量。图 8-4 中，超声振动发生器、光滑导向柱、弹簧等被省略，未予示出，行业内技术人员能够理解。

本技术方案在圆棒电极外表面上加工出螺旋槽，使其在高速旋转时获得促进工作液沿轴向运动的能力，从而促进排屑以提升加工速度，使液体快速绕电极外表面旋转，产生陀螺效应。螺旋槽电极的使用能优化电极旋转稳定性、提高抗干扰能力、防止走偏、减小所加工小深孔轴线的偏差，保证深孔加工质量的同时提高孔光洁度。

8.2.3 结构设计

图 8-4 为螺旋槽电极电火花加工原理。

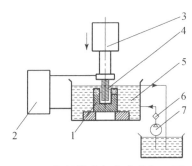

图 8-4 螺旋槽电极电火花加工原理

1—工件；2—脉冲电源；3—伺服控制装置；4—带有螺旋槽的电火花加工电机；
5—工作液；6—过滤器；7—工作液泵

8.2.4 技术特点及有益效果

本技术方案具有以下特点。

（1）在圆管或圆柱状电火花电极外表面设置螺旋槽，螺旋槽可以为单头螺旋，也可以为双头螺旋或多头螺旋，其旋转方向为右旋或者左旋。

（2）加工设备中可加入超声振动发生器。超声振动将提高小直径深孔表面光洁度。

本技术方案具有以下有益效果。

（1）使用过程中有望提高电极旋转稳定性。在电极外圆表面加工有多条螺旋浅槽，冷却液体将快速绕电极外表面旋转，产生陀螺效应，陀螺具有定轴的特点。并且带螺旋槽的电极在高速旋转时，可促进工作液沿轴向运动，从而促进排屑以加快加工速度。

（2）提高了加工过程中抗干扰能力。防止加工过程中出现偏斜或其他形状和位置误差，保证了小直径深孔加工质量，避免造成工件报废。

（3）引入超声振动将提高孔表面光洁度。

8.3　一种小直径深孔精加工方法

8.3.1　技术领域与背景

本技术提供一种小直径深孔精加工方法。精加工小直径深孔过程中可能产生工件变形、位置误差和工件表面质量差的问题，加工过程所存在技术问题如下：①小直径深孔加工刀具刀杆刚度差。小直径深孔加工通过细长杆刀杆加工，细长杆刀具刚度差，加工过程中刀具变形大且容易走偏，难以满足所加工的小直径深孔直线度精度要求。因此，细长杆刀具所加工出的小直径深孔容易出现偏斜或其他质量缺陷。②小直径深孔加工过程中难以观察加工部位和刀具。由于加工部位被工件遮挡，小直径深孔加工过程中难以观察到工件加工部位切削情况和刀具使用情况，所以加工过程中难以控制工件质量，可能会造成工件报废。

为了保证小直径深孔的加工质量，在粗加工小直径深孔后常常需要对小直径深孔进行精密加工。磨削加工是应用较为广泛的精密切削加工方法之一。磨削是指用磨料、磨具切除工件上多余材料的加工方法。

金刚石是磨削加工中常用的磨料，其具有以下特性：硬度高、抗压强度高、耐磨性好，在磨削加工中成为磨削硬脆材料及硬质合金的理想磨料。在使用时，不但加工效率和精度高，而且粗糙度好、磨具消耗少、使用寿命长，同时可改善劳动条件。因此金刚石磨料广泛用于普通磨料难以加工的低铁含量的金属及非金属硬脆材料的加工，如硬质合金、高铝瓷、光学玻璃、玛瑙宝石、半导体材料、石材等。

立方氮化硼磨料也是一种常用的磨削加工磨料，具有十分优异的磨削性能，不仅能胜任难磨材料的加工，提高生产效率，且有利于严格控制工件的形状和尺寸精度，还能有效地提高工件的磨削质量，显著提高磨削后工件的表面完整性，因而提高了零件的疲劳强度，延长了使用寿命，增强了可靠性，并且在立方氮化硼磨料生产过程中，与普通磨料相比，在能源消耗和环境污染方面有更好的效果。

8.3.2　工作原理

以下结合图 8 - 5 阐述工作原理。

电镀有金刚石 8 的磨杆 6 在工件 7 的深孔内高速旋转并做可往复运动，磨削深孔。金刚石分为两段或三段，直径由小到大，先后进入孔内，分层切除加工余量，并通过最后的往复运动进一步提高表面质量。

机床主轴箱 2 可沿机床立柱 1 上下往复运动，机床主轴 3 带动夹头 5 和磨杆 6 做回转运动，下弓形架 15 固定机床工作台 16 上，工件 7 安装于下弓形架 15 上。上弓形架 4 固定于机床主轴箱 2 上，可随机床主轴箱 2、机床主轴 3、夹头 5、磨杆 6 上下运动。

上弓形架 4 固定有滚动轴承 9，衬套 10 固定于滚动轴承 9 内圈，随之旋转。顶紧螺套 11 外部与衬套 10 以螺纹连接，中部为孔，一端为锥孔。操作夹紧手柄 13，可使锥形夹头 14 夹紧磨杆 6 下端。

加工前，夹紧手柄 13 和锥形夹头 14 不在机床上，按以下步骤操作。

（1）将工件 7 固定于下弓形架 15。

（2）将电镀有金刚石 8 的磨杆 6 穿过顶紧螺套 11 和衬套 10。

（3）用夹头 5 夹住磨杆 6 上端。

（4）用夹紧手柄 13 和锥形夹头 14 夹住磨杆的下端。

（5）旋出顶紧螺套 11，锥形夹头 14 的锥面与顶紧螺套 11 的锥孔配合并拉紧磨杆 6。工作时磨杆 6 带动锥形夹头 14 旋转，锥形夹头 14 以摩擦力带动顶紧螺套 11 及衬套 10 随轴承内圈旋转。

上述方案中采用的是金刚石磨料，适用于加工铝、铜等有色金属及塑料等非金属材料的加工。当工件材料为黑色金属时，将磨杆上的磨料由金刚石换为立方氮化硼。

本技术工作步骤如下。

（1）将工件 7 固定于下弓形架 15。

（2）将电镀有金刚石 8 的磨杆 6 穿过顶紧螺套 11 和衬套 10。

（3）用夹头 5 夹住磨杆 6 上端。

（4）用夹紧手柄 13 和锥形夹头 14 夹住磨杆 6 的下端。

（5）旋出顶紧螺套 11，锥形夹头 14 的锥面与顶紧螺套 11 的锥孔配合并拉紧磨杆 6。

8.3.3　结构设计

图 8 – 5 为小直径深孔精加工原理。

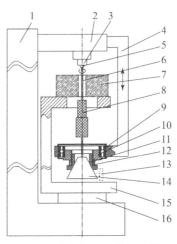

图 8 – 5　小直径深孔精加工原理

1—机床立柱；2—机床主轴箱；3—机床主轴；4—上弓形架；5—夹头；6—磨杆；7—工件；8—金刚石；9—滚动轴承；
10—衬套；11—顶紧螺套；12—压缩弹簧；13—夹紧手柄；14—锥形夹头；15—下弓形架；16—机床工作台

8.3.4　技术特点与有益效果

本技术方案具有以下特点。

（1）纠正了小直径深孔粗加工时深孔的偏斜。本技术方案中磨杆工作时处于拉紧状态，且小直径深孔加工过程中磨杆无径向进给运动，通过阶梯磨杆磨削可以纠正粗加工时深孔的偏斜。

（2）解决了小直径深孔加工刀具刚度差问题。本技术方案提出了阶梯磨杆磨削增加小直径深孔加工精度方法。方案中磨杆两端固定，增大了磨杆刚度，可避免因磨杆弯曲造成加工的深孔偏斜。

（3）提高了小直径深孔表面光洁度。本技术方案引入超声振动，使工件在所加工孔轴线方向上具有超声振动，可提高所加工孔的表面质量。同时本方案装置可避免超声振动发生器产生的振动传递给夹具和机床，使超声振动最大限度传递给工件，高效利用振动能量。

本技术方案具有以下有益效果。

（1）方案中磨杆两端固定，增大了磨杆刚度，可避免因磨杆弯曲造成加工的深孔偏斜。

（2）磨杆工作时处于拉紧状态，通过磨杆磨削可以纠正粗加工时深孔的偏斜。

（3）小直径深孔加工过程中磨杆无径向进给运动，靠阶梯结构增大孔的直径，当阶梯磨杆具有多个阶梯时，各阶梯平均磨削余量较小，有利于提高加工精度。

（4）小直径深孔粗磨和精磨在一道工序内完成，无须更换磨具，加工效率高。

（5）加工方案中引入超声振动，提高了小直径深孔表面光洁度。

第9章

深孔直线度误差评定

直线度公差带的形状大致分为给定平面 [图9-1（a）]、给定方向 [图9-1（b）] 和任意方向 [图9-1（c）] 这三种情况，而深孔直线度误差实际上就是任意方向的直线度误差。

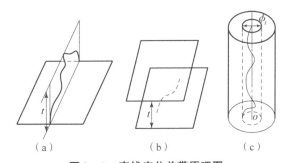

图9-1　直线度公差带原理图

（a）给定平面；（b）给定方向；（c）任意方向

评定深孔零件质量有许多参数，深孔直线度误差的评定是其重要的组成部分。本章重点介绍深孔零件直线度误差的评定方法。

9.1　直线度误差评定概述

本书第6章介绍了深孔直线度检测装置，可得到深孔工件的内孔实际轴线模型，根据轴线模型对直线度误差数值进行分析计算的过程即为直线度误差评定。如图9-2所示，用一个空间内的圆柱面将测量得到的实际轴线模型包围，并且寻找出最小的圆柱面，这个圆柱面的直径便是所求的直线度误差值 f。

$$f = 2 \times \min [\max(r_i)], \quad i = 1, 2, 3, \cdots, n$$

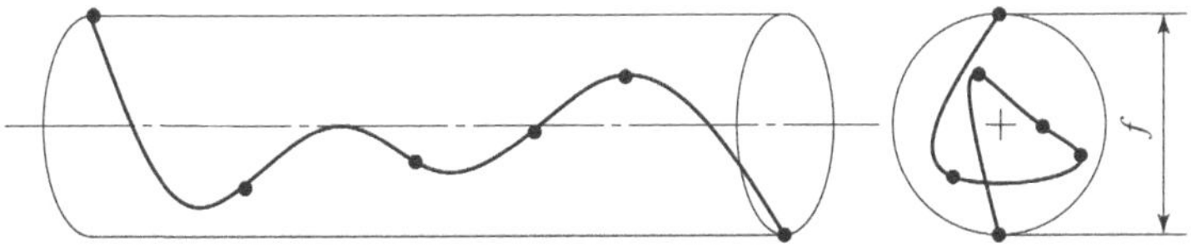

图9-2　直线度模型

对于深孔轴线直线度误差的评定，直线度误差检测国家标准介绍了比较常用的方法：两端点连线法和最小二乘法。

9.1.1 两端点连线法

两端点连线法的原理为：理想要素选取为实际孔轴线首尾连接的直线，作两条平行于理想要素的直线，并且两条直线须将实际孔轴线包容在内，那么两平行直线间最大距离就是深孔轴线直线度误差值。

设深孔轴线方程为

$$\frac{x - x_0}{a} = \frac{y - y_0}{b} = z \tag{9-1}$$

假设测量截面中心点坐标为 (x_C, y_C, z_C)，这些坐标点就是实际孔轴线上的点坐标。设第一点和最后一点坐标分别为 (x_1, y_1, z_1)、(x_n, y_n, z_n)，将两坐标点连成一条直线，则直线方程参数为

$$\begin{cases} x_0 = x_1 - az_1 \\ y_0 = y_1 - bz_1 \\ a = \dfrac{x_n - x_1}{z_n - z_1} \\ b = \dfrac{y_n - y_1}{z_n - z_1} \end{cases} \tag{9-2}$$

其余各截面中心点 (x_i, y_i, z_i) 到直线的距离 d_i 为

$$d_i = \sqrt{(x_i - x_0 - az_i)^2 + (y_i - y_0 - bz_i)^2} \tag{9-3}$$

各截面中心点 (x_i, y_i, z_i) 中必定有一点到直线的距离最大，找到该点并求出最大距离值 d_{max}，依据直线度误差评定国家标准判断直径为 $2d_{max}$ 的包络圆柱面是否符合三点接触的要求。假如不能够满足要求，采取一定的方法优化 x_0，y_0 的值直至符合要求，那么 $2d_{max}$ 就是深孔轴线的直线度误差值。

9.1.2 最小二乘法

最小二乘法既是统计学重要内容之一，也是误差和数据处理的基本方法。最小二乘法的基本思想：依据测量计算取得的实际孔轴线上的坐标点，必定存在那么一条直线，这条直线必须满足实际深孔轴线上的坐标点到它的距离平方和最小。

借助测量装置测量深孔工件，通过计算可以得到各截面孔心坐标为：$C_1(x_1, y_1, z_1)$，$C_2(x_2, y_2, z_2)$，…，$C_j(x_j, y_j, z_j)$，…，$C_n(x_n, y_n, z_n)$，依次连接各截面孔心坐标点可以得到实际深孔轴线 l_s，只要坐标点足够多，得到的空间曲线就更加接近实际孔轴线，以近似平行于 l_s 的最小二乘中线 l_{ls} 为轴作圆柱面，实际深孔轴线被包络在圆柱面内，取最小的圆柱面的直径 ϕ_{ls} 作为深孔轴线直线度误差值，深孔轴线直线度误差坐标系如图 9-3 所示。

则该 n 个截面孔心坐标点的算术平均中心点 $C_o(x_o, y_o, z_o)$ 为

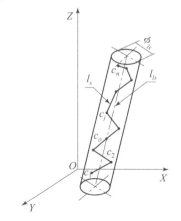

图 9-3 深孔轴线直线度误差坐标系

$$\begin{cases} x_o = \dfrac{1}{n}\sum_{j=1}^{n} x_j \\[2mm] y_o = \dfrac{1}{n}\sum_{j=1}^{n} y_j \\[2mm] z_o = \dfrac{1}{n}\sum_{j=1}^{n} z_j \end{cases} \tag{9-4}$$

由误差理论可知，n 个截面孔心坐标值的算术平均中心与其理想直线最为接近，因此以算术平均中心点 C_o 为基点的最小二乘拟合直线 l_{ls} 符合要求，是比较理想的一条直线。

设最小二乘拟合直线 l_{ls} 的方向向量为 $(l,\ m,\ n)$，并且直线穿过点 $C_o(x_o, y_o, z_o)$，因此可以得到拟合直线 l_{ls} 的方程为

$$\frac{x-x_o}{l}=\frac{y-y_o}{m}=\frac{z-z_o}{n} \tag{9-5}$$

实际深孔轴线上的任意一点 $C_j(x_j, y_j, z_j)$ 到拟合直线 l_{ls} 的距离 d_j 为

$$d_j=\sqrt{\frac{[m(x_j-x_o)-l(y_j-y_o)]^2+[n(x_j-x_o)-l(z_j-z_o)]^2+[n(y_j-y_o)-m(z_j-z_o)]^2}{l^2+m^2+n^2}} \tag{9-6}$$

依据最小二乘法原理，令 $f=\displaystyle\sum_{j=1}^{n} d_j^2$，即

$$f=\sum_{j=1}^{n}\frac{[m(x_j-x_o)-l(y_j-y_o)]^2+[n(x_j-x_o)-l(z_j-z_o)]^2+[n(y_j-y_o)-m(z_j-z_o)]^2}{l^2+m^2+n^2}$$

$$\tag{9-7}$$

于是以上问题转化为求式（9-7）的最小值问题，令其一阶偏导数为零得

$$\frac{\partial f}{\partial l}=\frac{\partial f}{\partial m}=\frac{\partial f}{\partial n}=0 \tag{9-8}$$

对最小二乘拟合直线 l_{ls} 的方向数 $l,\ m,\ n$ 进行归一化处理，即

$$l^2+m^2+n^2=1 \tag{9-9}$$

联立式（9-7）和式（9-8）求解得

$$\begin{cases} l = \dfrac{m\displaystyle\sum_{j=1}^{n}(x_j-x_o)(y_j-y_o)+m\displaystyle\sum_{j=1}^{n}(x_j-x_o)(z_j-z_o)}{\displaystyle\sum_{j=1}^{n}(y_j-y_o)^2+\displaystyle\sum_{j=1}^{n}(z_j-z_o)^2} \\[6mm] m = \dfrac{l\displaystyle\sum_{j=1}^{n}(x_j-x_o)(y_j-y_o)+n\displaystyle\sum_{j=1}^{n}(y_j-y_o)(z_j-z_o)}{\displaystyle\sum_{j=1}^{n}(x_j-x_o)^2+\displaystyle\sum_{j=1}^{n}(z_j-z_o)^2} \\[6mm] n = \dfrac{l\displaystyle\sum_{j=1}^{n}(x_j-x_o)(z_j-z_o)+m\displaystyle\sum_{j=1}^{n}(y_j-y_o)(z_j-z_o)}{\displaystyle\sum_{j=1}^{n}(x_j-x_o)^2+\displaystyle\sum_{j=1}^{n}(y_j-y_o)^2} \end{cases} \tag{9-10}$$

将各截面孔心坐标点 $C_j(x_j, y_j, z_j)(j=1,2,\cdots,n)$ 代入式（9-4）得到算术平均中心点

$C_o(x_o,y_o,z_o)$，接着将得到的 C_o 点坐标值以及各截面孔心坐标值 C_j 代入式（9 – 10）得到拟合直线方向数 l，m，n，最后将方向数 l、m、n 和 x_o、y_o、z_o 代入式（9 – 6）得到以 x_j、y_j、z_j 为未知数的方程。

将各截面孔心坐标点 $C_j(x_j,y_j,z_j)(j=1,2,\cdots,n)$ 分别代入式（9 – 6），找出其中的最大值 d_{max}，则深孔轴线的直线度误差值 ϕ_{ls} 为

$$\phi_{ls} = 2(\max\{d_j\})(j=1,2,\cdots,n) \tag{9 – 11}$$

9.2 基于转动惯量算法的直线度误差评定方法

转动惯量是刚体绕轴转动时惯性的量度。相同质量刚体绕某定轴转动时，惯性越大，则刚体的截面积越大。刚体在空间内绕惯量主轴转动时转动惯量最小，又因转动惯量的值与物体的形状，质量分布和转轴位置有关，所以将惯量主轴的计算引入现有的空间直线误差评定计算中，提出一种基于转动惯量算法的直线度误差评定方法，借助转动惯量算法原理降低深孔零件的测量误差。

9.2.1 模型建立

将零件的实际轴线数据建立数学模型，该模型是一个离散点集合，把离散点用轻质杆连接成为一个刚体，再利用惯量主轴的计算方法对该模型求解，得到惯量主轴向量。将离散点投影到垂直于惯量主轴线的平面内，得到平面的离散点坐标。最后用平面内点集的最小覆盖法求解包容集的最小直径，其中平面内包容点集的最小圆直径即为被测量零件的空间直线度误差。

通过直线度检测仪得到离散点数据后，在坐标系 $O(xyz)$ 中，把 N 个离散点看作 N 个质点，并将 N 个质点用轻质杆连接近似为一个"刚体"，通过求解该"刚体"的转动惯量得到惯量主轴，以该"刚体"的惯量主轴线建立直角坐标系 $O(x'y'z')$，选择与被测零件轴线相近的惯量主轴线 x' 轴线作为一个投影方向，可以将所有的离散点投影至坐标系 $O(x'y'z')$ 中的 $y'z'$ 平面内。将空间直线度评定问题转化为 $O(x'y'z')$ 中的 $y'z'$ 平面内点集的最小覆盖圆问题。然后利用平面内点集的最小圆覆盖法求解包容点集的最小圆直径，最后包容点集的最小圆直径即为被测量零件的空间直线误差。基本原理与算法流程如图 9 – 4 与图 9 – 5 所示。

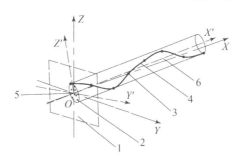

图 9 – 4 基本原理

1—投影面 $y'z'$ 平面；2—投影面内离散点的投影；3—测量所得离散点；
4—测量所得实际轴线；5—O 点；6—O 点系惯量主轴

图 9 – 5　算法流程

9.2.2　求解过程

在坐标系 $O(xyz)$ 中，可以先假设有质量相同的 P_1，P_2，P_3 三个质点组成一个不变的质点系，O 为这个质点系的原点，三个质点 P_1，P_2，P_3 的位置分别是 $(a, a, 0)$，$(0, a, a)$，$(a, 0, -a)$，用轻质杆连接来求惯量矩阵、主惯量和惯量主轴。我们将刚体对 O 点的惯量元素表示为

$$J_{xx} = \sum_{i=1}^{n} m_i(y_i^2 + z_i^2) = 4ma^2$$

$$J_{yy} = \sum_{i=1}^{n} m_i(x_i^2 + z_i^2) = 4ma^2$$

$$J_{zz} = \sum_{i=1}^{n} m_i(x_i^2 + y_i^2) = 4ma^2$$

$$J_{xy} = J_{yx} = \sum_{i=1}^{n} m_i x_i y_i = ma^2$$

$$J_{xz} = J_{zx} = \sum_{i=1}^{n} m_i x_i z_i = -ma^2$$

$$J_{yz} = J_{zy} = \sum_{i=1}^{n} m_i y_i z_i = ma^2$$

则刚体对 O 点的惯量矩阵为

$$\boldsymbol{J} = \begin{bmatrix} J_{xx} & -J_{xy} & -J_{xz} \\ -J_{yx} & J_{yy} & -J_{yz} \\ -J_{zx} & -J_{zy} & J_{zz} \end{bmatrix} = \begin{bmatrix} 4ma^2 & -ma^2 & ma^2 \\ -ma^2 & 4ma^2 & -ma^2 \\ ma^2 & -ma^2 & 4ma^2 \end{bmatrix} = ma^2 \begin{bmatrix} 4 & -1 & 1 \\ -1 & 4 & -1 \\ 1 & -1 & 4 \end{bmatrix}$$

此处令

$$\begin{vmatrix} 4ma^2 - \lambda & -ma^2 & ma^2 \\ -ma^2 & 4ma^2 - \lambda & -ma^2 \\ ma^2 & -ma^2 & 4ma^2 - \lambda \end{vmatrix} = 0$$

解得

$$\lambda_1 = 3ma^2, \ \lambda_2 = 3ma^2, \ \lambda_3 = 6ma^2$$

这就是刚体 O 点的主惯量。将 λ_1、λ_2、λ_3 分别代入下面的齐次方程得

$$\begin{cases} 4 - \lambda x - y + z = 0 \\ -x + 4 - \lambda y - z = 0 \\ x - y + 4 - \lambda z = 0 \end{cases} \quad (9-12)$$

将 $\lambda_1 = 3$、$\lambda_2 = 3$、$\lambda_3 = 6$ 代入式（9 – 12）得

$$\begin{cases} x_1 = -1 \\ y_1 = 1 \\ z_1 = 2 \end{cases}$$

$$\begin{cases} x_2 = -1 \\ y_2 = -1 \\ z_2 = 0 \end{cases}$$

$$\begin{cases} x_3 = 1 \\ y_3 = -1 \\ z_3 = 1 \end{cases}$$

单位变化后变为

$$\boldsymbol{i}' = \frac{1}{\sqrt{6}}\begin{bmatrix} -1 \\ 1 \\ 2 \end{bmatrix}; \quad \boldsymbol{j}' = -\frac{1}{\sqrt{2}}\begin{bmatrix} 1 \\ 1 \\ 0 \end{bmatrix}; \quad \boldsymbol{k}' = \frac{1}{\sqrt{3}}\begin{bmatrix} 1 \\ -1 \\ 1 \end{bmatrix}$$

将这三个单位化后的单位特征向量组成矩阵得

$$\boldsymbol{Q} = \frac{1}{\sqrt{6}}\begin{bmatrix} -1 & -\sqrt{3} & \sqrt{2} \\ 1 & -\sqrt{3} & -\sqrt{2} \\ 2 & 0 & \sqrt{2} \end{bmatrix}$$

$\boldsymbol{Q}$ 就是将体系的原坐标轴转化为新坐标轴（即惯量主轴）的正交矩阵，将 $\boldsymbol{J}$ 对角化为 $\boldsymbol{J}'$：

$$\boldsymbol{J}' = \boldsymbol{Q}^{\mathrm{T}}\boldsymbol{J}\boldsymbol{Q}$$

$$\boldsymbol{J}' = \frac{1}{\sqrt{6}} \times \frac{1}{\sqrt{6}}ma^2 \begin{bmatrix} -1 & 1 & 2 \\ -\sqrt{3} & -\sqrt{3} & 0 \\ \sqrt{2} & -\sqrt{2} & \sqrt{2} \end{bmatrix} \begin{bmatrix} 4 & -1 & 1 \\ -1 & 4 & -1 \\ 1 & -1 & 4 \end{bmatrix} \begin{bmatrix} -1 & -\sqrt{3} & \sqrt{2} \\ 1 & -\sqrt{3} & -\sqrt{2} \\ 2 & 0 & \sqrt{2} \end{bmatrix}$$

$$= ma^2 \begin{bmatrix} 3 & 0 & 0 \\ 0 & 3 & 0 \\ 0 & 0 & 6 \end{bmatrix}$$

可以验证，在惯量主轴线建立的坐标系 $O(x'y'z')$ 中，所有的惯量积都为零，仅有主惯量不为零，也可称为惯量矩阵的对角化，对角线上的元素便是体系对原点 O 的主惯量。

将离散点的坐标转换至 $O(x'y'z')$ 内，再将其中一个惯量主轴线 x' 轴方向的坐标降为 0，得到离散点在投影面 $y'z'$ 平面的二维坐标值（y'，z'）。$O(xyz)$ 坐标的坐标向量为 $\boldsymbol{i}$、$\boldsymbol{j}$、$\boldsymbol{k}$，$O(x'y'z')$ 坐标的坐标向量为 $\boldsymbol{i}'$、$\boldsymbol{j}'$、$\boldsymbol{k}'$，将 $O(x'y'z')$ 坐标看作由 $O(xyz)$ 坐标绕原点旋转而来。

坐标转换需要用到坐标向量间的夹角，参数如表 9 – 1 所示。

表 9 - 1　新旧坐标系坐标向量间的夹角

坐标向量	x 轴	y 轴	z 轴
x' 轴（$\boldsymbol{i}'$）	α_1	β_1	γ_1
y' 轴（$\boldsymbol{j}'$）	α_2	β_2	γ_2
z' 轴（$\boldsymbol{k}'$）	α_3	β_3	γ_3

因为 $\boldsymbol{i}'$，$\boldsymbol{j}'$，$\boldsymbol{k}'$ 均为单位向量，可以知道单位向量的坐标即为其三个方向的余弦值。由表 9 - 1 可知：

$$\begin{cases} \boldsymbol{i}' = \boldsymbol{i}\cos\alpha_1 + \boldsymbol{j}\cos\beta_1 + \boldsymbol{k}\cos\gamma_1 = (\cos\alpha_1, \cos\beta_1, \cos\gamma_1) \\ \boldsymbol{j}' = \boldsymbol{i}\cos\alpha_2 + \boldsymbol{j}\cos\beta_2 + \boldsymbol{k}\cos\gamma_2 = (\cos\alpha_2, \cos\beta_2, \cos\gamma_2) \\ \boldsymbol{k}' = \boldsymbol{i}\cos\alpha_3 + \boldsymbol{j}\cos\beta_3 + \boldsymbol{k}\cos\gamma_3 = (\cos\alpha_3, \cos\beta_3, \cos\gamma_3) \end{cases} \tag{9-13}$$

设空间内一点 P 在 $O(xyz)$ 坐标系中坐标为 (x, y, z)，在 $O(x'y'z')$ 坐标系中坐标为 (x', y', z')，则有

$$\overrightarrow{OP} = x\boldsymbol{i} + y\boldsymbol{j} + z\boldsymbol{k} \tag{9-14}$$

$$\overrightarrow{O'P'} = x'\boldsymbol{i}' + y'\boldsymbol{j}' + z'\boldsymbol{k}' \tag{9-15}$$

由于原点并未改变，所以 $O = O'$，由式（9 - 14）与式（9 - 15）可得

$$x\boldsymbol{i} + y\boldsymbol{j} + z\boldsymbol{k} = x'\boldsymbol{i}' + y'\boldsymbol{j}' + z'\boldsymbol{k}' \tag{9-16}$$

将 $\boldsymbol{i}'$、$\boldsymbol{j}'$、$\boldsymbol{k}'$ 代入式（9 - 16）得到

$$x\boldsymbol{i} + y\boldsymbol{j} + z\boldsymbol{k} = (x'\cos\alpha_1 + y'\cos\alpha_2 + z'\cos\alpha_3)\boldsymbol{i} + (x'\cos\beta_1 + y'\cos\beta_2 + z'\cos\beta_3)\boldsymbol{j} + (x'\cos\gamma_1 + y'\cos\gamma_2 + z'\cos\gamma_3)\boldsymbol{k}$$

可以看出：

$$\begin{cases} x = x'\cos\alpha_1 + y'\cos\alpha_2 + z'\cos\alpha_3 \\ y = x'\cos\beta_1 + y'\cos\beta_2 + z'\cos\beta_3 \\ z = x'\cos\gamma_1 + y'\cos\gamma_2 + z'\cos\gamma_3 \end{cases} \tag{9-17}$$

对式（9 - 17）进行逆变换，最终得到变换后的坐标值 (x', y', z')。

$$\begin{cases} x' = x\cos\alpha_1 + y\cos\beta_1 + z\cos\gamma_1 \\ y' = x\cos\alpha_2 + y\cos\beta_2 + z\cos\gamma_2 \\ z' = x\cos\alpha_3 + y\cos\beta_3 + z\cos\gamma_3 \end{cases} \tag{9-18}$$

变换后的坐标值仍为空间坐标。此处将 x' 坐标去掉，沿 x' 轴将离散点投影至 $y'z'$ 平面，得到投影后的离散点坐标 (y', z')。

由式（9 - 13）可知：

$$\begin{cases} \boldsymbol{i}' = \left(-\dfrac{1}{\sqrt{6}},\ \dfrac{1}{\sqrt{6}},\ \dfrac{2}{\sqrt{6}}\right) = (\cos\alpha_1,\ \cos\beta_1,\ \cos\gamma_1) \\[2mm] \boldsymbol{j}' = \left(-\dfrac{1}{\sqrt{2}},\ -\dfrac{1}{\sqrt{2}},\ 0\right) = (\cos\alpha_2,\ \cos\beta_2,\ \cos\gamma_2) \\[2mm] \boldsymbol{k}' = \left(\dfrac{1}{\sqrt{3}},\ -\dfrac{1}{\sqrt{3}},\ \dfrac{1}{\sqrt{3}}\right) = (\cos\alpha_3,\ \cos\beta_3,\ \cos\gamma_3) \end{cases} \tag{9-19}$$

可得到新旧坐标系坐标向量间的夹角余弦值如表 9 - 2 所示。

表 9 - 2　新旧坐标系坐标向量间的夹角余弦值

坐标向量	x 轴	y 轴	z 轴
x'轴（$\boldsymbol{i}'$）	$\cos\alpha_1 = -\dfrac{1}{\sqrt{6}}$	$\cos\beta_1 = \dfrac{1}{\sqrt{6}}$	$\cos\gamma_1 = \dfrac{2}{\sqrt{6}}$
y'轴（$\boldsymbol{j}'$）	$\cos\alpha_2 = -\dfrac{1}{\sqrt{2}}$	$\cos\beta_2 = -\dfrac{1}{\sqrt{2}}$	$\cos\gamma_2 = 0$
z'轴（$\boldsymbol{k}'$）	$\cos\alpha_3 = \dfrac{1}{\sqrt{3}}$	$\cos\beta_3 = -\dfrac{1}{\sqrt{3}}$	$\cos\gamma_3 = \dfrac{1}{\sqrt{3}}$

将 P_1，P_2，P_3 的坐标 $(a, a, 0)$，$(0, a, a)$，$(a, 0, -a)$ 与表 9 - 2 中的数据代入式 (9 - 18) 计算得到：

$$\begin{cases} P_1' = \left(0,\ -\sqrt{2}a,\ 0\right) \\[2mm] P_2' = \left(\dfrac{3a}{\sqrt{6}},\ -\dfrac{a}{\sqrt{2}},\ 0\right) \\[2mm] P_3' = \left(-\dfrac{3a}{\sqrt{6}},\ -\dfrac{a}{\sqrt{2}},\ 0\right) \end{cases}$$

将 P_1'、P_2'、P_3' 的 x' 坐标去掉，沿 x' 轴将点投影至 $y'z'$ 平面，得到平面坐标 P''：

$$\begin{cases} P_1'' = \left(-\sqrt{2}a,\ 0\right) \\[2mm] P_2'' = \left(-\dfrac{a}{\sqrt{2}},\ 0\right) \\[2mm] P_3'' = \left(-\dfrac{a}{\sqrt{2}},\ 0\right) \end{cases} \tag{9 - 20}$$

至此，空间直线度误差分析问题转换为平面内点集的最小圆覆盖问题。通过最小圆覆盖法求解包容投影面内离散点的最小圆直径，即可得到空间直线度误差值。

9.2.3　技术特点及有益效果

本技术方案具有以下特点。

(1) 将离散点集合看作质点并用轻质杆连接为刚体，得以求解离散点集合的"惯量主轴"。

(2) 创新型地将转动惯量引入空间直线度误差评定过程中，以提高直线度误差评定的准确性。

本技术方案具有以下有益效果：转动惯量计算软件较多、速度快，适用性广；通过本技术方案可得到精确的直线度误差值。

9.3　基于两质心连线法的直线度误差评定方法

质心是质量中心的简称，是物理学中质量集中于某处的一个假想点，质点系质心的本质为质点系质量分布的平均位置。质点系的质心仅与各质点的质量大小和分布的相对位置有关，将质心的计算引入空间直线度评定计算中。

9.3.1　模型建立

将测量得到的数据在坐标系 $O(xyz)$ 内建立数学模型，该数学模型为一个离散点集合 $P_i(x_i,y_i,z_i)$，$i=(1,2,3,\cdots,n)$。将数学模型中的每一个离散点看作质点，赋予所有质点相同的质量，将数学模型中的质点系在 $n/2$ 处分为两组数据，并利用质心求解方程求得两组质点系的质心坐标 $A(x_a,y_a,z_a)$ 与 $B(x_b,y_b,z_b)$。连接两质心作一条直线作为投影线，并以投影线方向向量建立直角坐标系 $O(x'y'z')$。将离散点沿着投影线方向投影至垂直于投影线且过原点 O 的平面内，进行坐标变换，得到平面的离散点的坐标。利用平面内点集的最小圆覆盖法求解包容点集的最小圆直径。投影平面内包容点集的最小圆直径即为被测量零件的空间直线度误差。两质心连线法基本原理与算法流程如图 9 - 6 与图 9 - 7 所示。

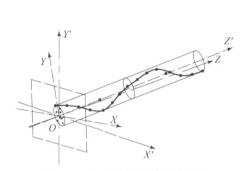

图 9 - 6　两质心连线法基本原理

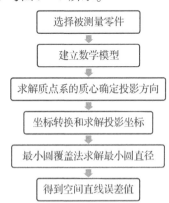

图 9 - 7　两质心连线法算法流程

9.3.2　求解过程

将测量得到的数据在坐标系 $O(xyz)$ 内建立数学模型，N 个离散点组成了离散点集 P，将各个离散点视为质量为 m 的质点。用 r_1，r_2，r_3，$\cdots$，r_n 分别表示质点系中各质点相对于原点 O 的矢径，用 r_σ 表示质心的矢径，则有

$$r_\sigma = \frac{\sum\limits_i^n m_i r_i}{M} \tag{9-21}$$

式中，

$$M = \sum_{i=1}^n m_i \tag{9-22}$$

将式（9 - 21）化为 x，y，z 分量模式可得到质点系的质心坐标：

$$x_\sigma = \frac{\sum\limits_i m_i x_i}{M}$$

$$y_\sigma = \frac{\sum\limits_i m_i y_i}{M}$$

$$z_\sigma = \frac{\sum\limits_i m_i z_i}{M}$$

空间直线度误差仅与各离散点的分布位置有关，在假设的质点系中，各个质点的质量均为 1，质心坐标的表达式为

$$x_{\sigma} = \sum_i x_i$$

$$y_{\sigma} = \sum_i y_i$$

$$z_{\sigma} = \sum_i z_i$$

将数学模型中的质点系在 $n/2$ 处分为两组数据，并利用质心坐标方程求得两组质点系的质心坐标 $A(x_a, y_a, z_a)$ 与 $B(x_b, y_b, z_b)$。

$$x_a = \sum_1^{n/2} x_i$$

$$y_a = \sum_1^{n/2} y_i$$

$$z_a = \sum_1^{n/2} z_i$$

$$x_b = \sum_{(n/2)+1}^{n} x_i$$

$$y_b = \sum_{(n/2)+1}^{n} y_i$$

$$z_b = \sum_{(n/2)+1}^{n} z_i$$

连接两质心作一条直线作为投影线。利用两点式做出空间投影线方程：

$$\frac{x - x_a}{x_b - x_a} = \frac{y - y_a}{y_b - y_a} = \frac{z - z_a}{z_b - z_a} \tag{9-23}$$

投影方向的向量为

$$\vec{n} = i',\ j',\ k'$$

其中，

$$\begin{cases} i' = x_b - x_a \\ j' = y_b - y_a \\ k' = z_b - z_a \end{cases} \tag{9-24}$$

将 $\vec{n} = i',\ j',\ k'$ 单位化：

$$\begin{cases} i' = \dfrac{x_b - x_a}{\sqrt{(x_b - x_a)^2 + (y_b - y_a)^2 + (z_b - z_a)^2}} \\[3mm] j' = \dfrac{y_b - y_a}{\sqrt{(x_b - x_a)^2 + (y_b - y_a)^2 + (z_b - z_a)^2}} \\[3mm] k' = \dfrac{z_b - z_a}{\sqrt{(x_b - x_a)^2 + (y_b - y_a)^2 + (z_b - z_a)^2}} \end{cases} \tag{9-25}$$

利用 i'，j'，k'，建立空间直角坐标系 $O(x'y'z')$，$O(x'y'z')$ 坐标的坐标向量为 i'，j'，k'，原坐标系 $O(xyz)$ 的坐标向量为 i，j，k，其中 $i = 1$，$j = 1$，$k = 1$。将坐标系 $O(x'y'z')$ 看作坐标系 $O(xyz)$ 旋转得到，对离散点坐标进行坐标转换与投影。

由式（9-18）可得到离散点转换至坐标系 $O(x'y'z')$ 的坐标为

$$\begin{cases} x' = x\cos\alpha_1 + y\cos\beta_1 + z\cos\gamma_1 \\ y' = x\cos\alpha_2 + y\cos\beta_2 + z\cos\gamma_2 \\ z' = x\cos\alpha_3 + y\cos\beta_3 + z\cos\gamma_3 \end{cases}$$

变换后的坐标值仍为空间坐标。此处将 z' 坐标去掉，沿 z' 轴将离散点投影至 $x'y'$ 平面，得到投影后的离散点坐标 (x', y')。至此，空间直线度误差分析问题转换为平面内点集的最小圆覆盖问题。

9.3.3　技术特点及有益效果

本技术方案具有以下特点。

（1）将直线度检测装置获取的离散点看作质量相同的质点，组成一个质点系。质点系的质点位置与各质点的质量大小和分布的相对位置有关，求取质点系的质心有益于寻求评定基线的优化解。

（2）以两端连线法为基础，在直线度误差评定过程中引入质心元素，将轴线模型等分为两段，从而提出两质心连线法，可获取更加准确的直线度误差值。

本技术方案具有以下有益效果。

（1）相比于两端连线法等其他算法，本技术方案提出的直线度误差评定方法可获取更准确的直线度误差值。

（2）本技术方案原理简单，计算过程简洁，适合深孔加工企业等相关领域应用。

9.4　基于 RANSAC 算法的空间直线度误差评定方法

最小二乘法是希望最后计算得出的理论模型与测量值的误差最小，但由于加工出的深孔工件内部可能存在铁屑或者毛刺等杂质，会在直线度误差测量过程中出现个别偏离很大的离散点，称为数据异常点（重大误差点）。但是，最小二乘法只会从一个整体误差最小的角度来拟合直线，会把个别重大误差点计算在内，导致结果的不准确，破坏最小二乘估计方法。最小二乘拟合示意图如图 9-8 所示。

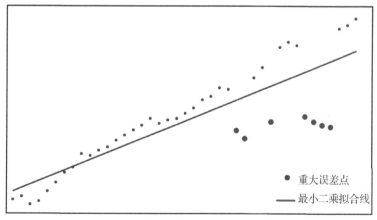

图 9-8　最小二乘拟合示意图

图 9 – 8 中，最小二乘法需要照顾到所有的离散点，使所有的测点在模型中期望通过"平均"消除误差，导致最小二乘法拟合出的直线出现趋势偏离，最终得到的直线度误差精确度小。

9.4.1　模型建立

利用随机采样一致性（RANSAC）算法用少量的初始数据拟合出一个模型，通过迭代次数，逐渐扩大内点数量，找到一个趋势更好的模型，从而获得更为精确的直线度几何参数，如图 9 – 9 所示。

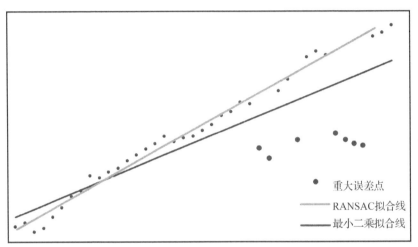

图 9 – 9　RANSAC 与最小二乘拟合线对比示意图

基于 RANSAC 算法其实质就是过滤一些重大误差点，由于有过滤掉重大误差点的特性，所以和最小二乘法对比，能适当地提高精确度，也能忽略一些已知存在的误差，针对以上情况提出一种基于 RANSAC 算法的空间直线度误差评定方法。

9.4.2　求解过程

RANSAC 算法流程如图 9 – 10 所示。

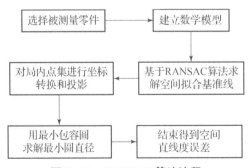

图 9 – 10　RANSAC 算法流程

在下文中，描述 RANSAC 算法的各个部分，RANSAC 采样了建立模型实例所需的最少数量的点，即最小模型。例如，如果搜索平面上一条线的模型，为了建立一个好的模型，有必要对一个无异常值的样本进行采样。在保证一定的置信概率下，从一个较大的测量点集合

中获得最小采样数 N 和一个好的模型概率 $P(P > \varepsilon)$，满足以下关系。

$$P = 1 - \left((1 - \varepsilon)^N \right)^k \tag{9-26}$$

式中：ε 为测量点集合内点的概率（容限误差），即 $\varepsilon = \dfrac{\text{局内点数量}}{\text{局内点数量} + \text{局外点数量}}$；$N$ 为计算模型参数的最小数据量。

通过式（9-26）可以求得

$$k = \frac{\ln(1 - P)}{\ln(1 - \varepsilon^N)} \tag{9-27}$$

式中：k 为该模型进行采样的迭代次数；P 为希望得到正确模型的概率；$1 - P$ 为至少有一个外点（采样失败的概率）的概率，$(1 - \varepsilon^N)^k - k$ 次采样全部失败的概率。

9.4.3　RANSAC 空间直线拟合方法

空间直线点向式的拟合方程式为

$$\frac{x - x_0}{l} = \frac{y - y_0}{m} = \frac{z - z_0}{n} \tag{9-28}$$

式中：l，m，n 为空间的方向向量；x_0，y_0，z_0 为空间直线的已知点。

转化为射影式方程：

$$\begin{cases} x = \dfrac{l}{n}(z - z_0) + x_0 = az + b \\[2mm] y = \dfrac{m}{n}(z - z_0) + y_0 = cz + d \end{cases} \tag{9-29}$$

空间中任意一点 $P(x, y, z)$ 到空间点 $Q_1(x_1, y_1, z_1)$ 和 $Q_2(x_2, y_2, z_2)$ 组成的空间直线距离为

$$d = \frac{\| (Q_1 Q_2 \times Q_1 P) \|_2}{\| (Q_1 Q_2) \|_2} \tag{9-30}$$

将射影式方程转化为矩阵形式：

$$\begin{bmatrix} a & b \\ c & d \end{bmatrix} \begin{bmatrix} z \\ 1 \end{bmatrix} = \begin{bmatrix} x \\ y \end{bmatrix} \tag{9-31}$$

将矩阵形式的空间直线分别投影到 XOY、YOZ 和 XOZ 坐标平面上。

RANSAC 算法应用于空间直线度误差拟合的参数设置。

（1）目标函数。通过 k 次迭代，最大化不同迭代过程中内点个数 N 的过程。RANSAC 算法应用在空间直线拟合的目标函数式根据已知空间直线的距离阈值 t，求取包含最多内点的参数模型。

（2）采样子集大小。在迭代计算过程中，需要使用一个子集来计算模型参数，每个采样子集数据量大小为 N 个最小采样集。空间直线拟合需要两个空间点，每次在三维空间拟合时，取 $N = 2$。

（3）迭代终止条件。RANSAC 算法的迭代终止次数 k 通过理论推算获得。在置信度 P 的条件下，循环过程中进行一次采样，让采样子集的 N 个点均为内点，保证在迭代过程中，至少有一次采样取得目标函数最大值，终止条件 k 满足条件：

$$k \geqslant \frac{\ln(1-P)}{\ln(1-\varepsilon^N)} \qquad\qquad (9-32)$$

式中：P 表示置信度，一般设置 ［95%，99%］ 的范围内。图 9 - 11 为 RANSAC 算法直线度拟合流程。

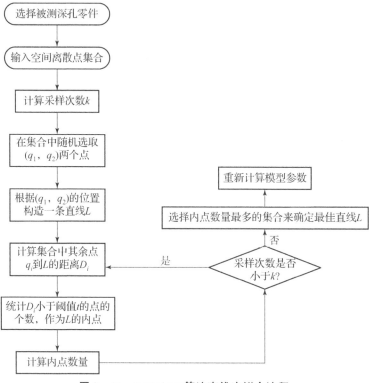

图 9 - 11　RANSAC 算法直线度拟合流程

测点的坐标转换与投影参阅式（9 - 18）。至此，将空间直线度误差评定转换为平面内的最小覆盖圆问题。

9.4.4　技术特点及有益效果

本技术方案具有以下特点：在直线度误差评定过程中，将数学模型中的每一个离散点用 RANSAC 算法剔除重大的误差点，然后对局内点进行三维直线拟合，剔除存在重大误差的数据点，对优化后的评定基线做出直线度误差评定，得到更加准确的空间直线度误差值。

本技术方案具有以下有益效果：可将深孔零件内表面所存在的毛刺、杂质以及直线度检测装置所测得的重大误差等因素过滤，从而获得更加优质的深孔轴线模型作为评定基线。

第 10 章

深孔机床控制系统

深孔加工是一种方便、高效的加工方式。深孔加工机床一般采用枪钻、BTA 钻、麻花钻等刀具。通过旋转运动和轴向进给运动,使刀具切入工件材料。排屑依据刀具类型及加工方式,可以分为内排屑和外排屑等。常见数控机床三个伺服轴:X 轴、Y 轴、Z 轴,采用伺服电机驱动滚珠丝杠实现各轴的移动;刀具转速和进给量均为无级调节;具有加工直孔、斜孔、盲孔和阶梯孔的功能。

10.1 深孔机床简介

深孔机床具有调速功能。其数控系统一般可以实现人机交互。控制参数通过可编程控制面板进行调整。加工深孔时通过伺服电机控制运动。

10.1.1 机床组成部分

深孔加工机床包括以下几个部分:①主轴系统。②X 轴系统:可采用交流伺服电机直连滚珠丝杠驱动。伺服电机内置编码器,用于位置检测。③Y 轴系统:可采用交流伺服电机直连滚珠丝杠驱动。伺服电机内部带抱闸装置和内置编码器,防止断电时坠落及用于位置检测。④Z 轴系统:可采用交流伺服电机直连滚珠丝杠驱动。伺服电机内置编码器,用于位置检测。⑤润滑系统:机床可采用集中润滑站自动润滑,X、Y、Z 轴滚珠丝杠和线性导轨均由集中润滑站供油,润滑站间歇供应给各润滑点。支承传动之轴承及主轴箱内轴承在装配时已加足润滑脂。排屑机内部链条需定时手动润滑。⑥冷却系统:切削时高压的专用切削油对工件和刀具进行冷却并将切屑排出,包括集油箱的冷却油箱、净油箱的冷却油箱、油温控制机、循环泵系统、冷却泵组以及高压油路。⑦电气控制系统:机床控制组件及控制系统均被安装在电柜和操作站内。

10.1.2 机床的主要配置

机床的主要配置见表 10 - 1。

表 10 - 1 机床的主要配置

序号	名称	序号	名称
1	计算机数控系统	4	Y 轴伺服电机
2	显示屏	5	Z 轴伺服电机
3	X 轴伺服电机	6	系统电缆

序号	名称	序号	名称
7	冷却变频器	16	X轴导轨
8	交流接触器	17	Y轴导轨
9	断路器	18	Z轴导轨
10	电柜空调	19	冷却泵
11	中间继电器	20	轴承
12	行程开关	21	油箱控温器
13	X轴研磨丝杠	22	排屑机
14	Y轴研磨丝杠	23	主轴系统
15	Z轴研磨丝杠	—	—

（1）系统通用环境要求。

环境温度：0~35 ℃。

湿度：平均为85%。

电源电压：AC380 V/50 Hz（3P + Gr）。

供油压力：0~120 bar。

（2）系统电源电压 AC380 V/AC220 V/DC24 V。

①3P/AC380 V/50 Hz 电源：3P/AC380 V 电压是给主控制柜供电，采用三相四线制，即"三相 + 地线"。电压波动范围为 ±10%。变频器、电机输入电压为 AC380 V 交流电源。

②2P/AC220 V/50 Hz 电源：2P/AC220 V/50 Hz 电源是经过隔离变压器降压取得的，给系统电源模块、直流电源、柜内照明、润滑站、空调、柜内维修插座供电。

③DC24V 电源：DC24V 电源给 PLC 输入输出模块、传感器、继电器线圈、安全继电器、触摸屏、指示灯供电。

10.2 深孔机床的计算机数控系统

深孔加工机床属于数控机床，计算机数控系统（CNC）主要由硬件和软件两大部分组成，其核心是计算机数字控制装置。它通过系统控制软件配合系统硬件，合理地组织、管理数控系统的输入、数据处理、插补和输出信息，控制执行部件，使数控机床按照操作者的要求进行自动加工。CNC 系统采用计算机作为控制部件，通常由其内部的数控系统软件实现部分或全部数控功能，从而对机床运动进行实时控制，一般包括以下几个部分：计算机数控装置、输入/输出设备、可编程控制器、主轴驱动装置和进给驱动装置（包括位置控制器）及电气逻辑控制装置等。

10.2.1 CNC 系统的功能

CNC 系统的功能通常包括以下几种。

（1）控制功能。控制功能包括 CNC 系统能控制的轴数和能同时控制（联动）的轴数，是其主要性能之一。

（2）准备功能。准备功能也称 G 指令代码，它用来指定机床运动方式的功能，包括基本移动、平面选择、坐标设定、刀具补偿、固定循环等指令。

（3）插补功能。CNC 系统是通过软件插补来实现刀具运动轨迹控制的。

（4）进给功能。①切削进给速度：以每分钟进给的毫米数指定刀具的进给速度；②同步进给速度：以主轴每转进给的毫米数规定的进给速度；③进给倍率：操作面板上设置了进给倍率开关，倍率可以在 0～200% 之间变化，每挡间隔 10%。

（5）主轴功能。①转速的编码方式；②指定恒定线速度；③主轴定向准停。

（6）辅助功能。辅助功能用来指定主轴的启、停和转向，切削液的开关，刀库的启停等，一般是开关量的控制，它用 M 指令代码表示。

（7）刀具功能。刀具功能用来选择所需的刀具，刀具功能字以地址符 T 为首，后面跟二位或四位数字，代表刀具的编号。

（8）补偿功能。①刀具的尺寸补偿；②丝杠的螺距误差补偿和反向间隙补偿或者热变形补偿。

（9）字符、图形显示功能。CNC 控制器可以配置单色或彩色 CRT（阴极射线管）或 LCD（液晶显示器），通过软件和硬件接口实现字符和图形的显示。

（10）自诊断功能。

（11）通信功能。为了适应柔性制造系统（FMS）和计算机集成制造系统（CIMS）的需求，CNC 装置通常具有 RS232C 通信接口，有的还备有 DNC（直接数字控制）接口。

（12）人机交互图形编程功能。

10.2.2　CNC 系统的一般工作过程

（1）输入。输入 CNC 控制器的通常有零件加工程序、机床参数和刀具补偿参数。

（2）译码。译码是以零件程序的一个程序段为单位进行处理，把其中零件的轮廓信息（起点、终点、直线或圆弧等），F，S，T，M 等信息按一定的语法规则解释（编译）成计算机能够识别的数据形式。

（3）刀具补偿。刀具补偿包括刀具半径补偿和刀具长度补偿。

（4）进给速度处理。数控加工程序给定的刀具相对于工件的移动速度是在各个坐标合成运动方向上的速度，即 F 代码的指令值。

（5）插补。零件加工程序程序段中的指令行程信息是有限的。

（6）位置控制。位置控制装置位于伺服系统的位置环上，它的主要工作是在每个采样周期内，对插补计算出的理论位置与实际反馈位置进行比较，用其差值控制进给电动机。

（7）I/O 处理。CNC 的 I/O 处理是 CNC 与机床之间的信息传递和变换的通道。

（8）显示。CNC 系统的显示主要是为操作者提供方便，显示装置有 CRT 显示器或 LCD 数码显示器，一般位于机床的控制面板上。

10.2.3　CNC 系统的硬件结构

从 CNC 系统的总体安装结构看，可分为整体式结构和分体式结构两种。整体式结构是将 CRT 和 MDI 面板、操作面板以及功能模块板组成的电路板等安装在同一机箱内。CNC 操作面板在机床上的安装形式有吊挂式、床头式、控制柜式和控制台式等多种。

1. 单 CPU 结构 CNC 系统

单 CPU（中央处理单元）结构 CNC 系统的基本结构包括 CPU、总线、I/O 接口、存储器、串行接口和 CRT/MDI 等，还包括数控系统控制单元部件和接口电路。

CPU 主要完成控制和运算两方面的任务。控制功能包括：内部控制，对零件加工程序的输入、输出控制，对机床加工现场状态信息的记忆控制等。

CNC 装置中的存储器包括只读存储器（ROM）和随机存取存储器（RAM）两种。系统程序存放在 EPROM（可擦除可编程只读存储器）中，由生产厂家固化。即使断电，程序也不会丢失。系统程序只能由 CPU 读出，不能写入。

2. 多 CPU 结构 CNC 系统

多 CPU 结构 CNC 系统是指在 CNC 系统中有两个或两个以上的 CPU 能控制系统总线或主存储器进行工作的系统，该系统有紧耦合和松耦合两种结构。

（1）共享总线结构。在这种结构的 CNC 系统中，只有主模块有权控制系统总线，且在某一时刻只能有一个主模块占有总线。

（2）共享存储器结构。该结构中，采用多端口存储器来实现各 CPU 之间的互联和通信，每个端口都配有一套数据、地址、控制线，以供端口访问。

10.2.4　CNC 系统的软件结构

在 CNC 系统中，软件和硬件在逻辑上是等价的，即由硬件完成的工作原则上也可以由软件来完成。但是它们各有特点：硬件处理速度快，造价相对较高，适应性差；软件设计灵活、适应性强，但是处理速度慢。CNC 系统中软、硬件的分配比例是由性能与价格之比决定的。这也在很大程度上涉及软、硬件的发展水平。

1. CNC 系统的多任务性

CNC 系统作为一个独立的过程数字控制器，应用于工业自动化生产中，其多任务性表现在它的管理软件必须完成管理和控制两大任务。其中，系统管理包括输入、I/O 处理、通信、显示、诊断以及加工程序的编制管理等程序。系统的控制部分包括译码、刀具补偿、速度处理、插补和位置控制等软件。当 CNC 装置处于自动加工工作方式时，其数据的转换过程将由零件程序输入、插补准备，包括译码、刀具半径补偿和速度处理、插补、位置控制四个子过程。

2. 并行处理

并行处理是指计算机在同一时刻或同一时间间隔内完成两种或两种以上性质相同或不相同的工作。并行处理的优点是加快了运行速度。①资源分时共享并行处理方法：在单 CPU 的 CNC 装置中，要采用 CPU 分时共享的原则来解决多任务的同时运行。各个任务何时占用 CPU 及各个任务占用 CPU 时间的长短，是首先要解决的两个时间分配的问题。②资源重叠流水并行处理方法。

3. 实时中断处理

（1）外部中断：主要有纸带光电阅读机中断（早期）、外部监控中断（如紧急停、量仪到位等）和键盘操作面板输入中断。

（2）内部定时中断：主要有插补周期定时中断和位置采样定时中断。在有些系统中，将两种定时中断合二为一。

（3）硬件故障中断：各种硬件故障检测装置发出的中断。

（4）程序性中断：程序中出现异常情况的报警中断。

10.2.5　CNC 系统的输入/输出与通信功能

（1）CNC 装置的输入/输出和通信：①数据输入/输出设备。如零件的编程机和可编程控制器的编程机等。②外部机床控制面板，包括键盘和终端显示器。③通用的手摇脉冲发生器：一种用于手动操作各轴运动的手摇式脉冲发生器。④进给驱动线路和主轴驱动线路。

（2）CNC 系统常用外设及接口。

①早期的纸带阅读机输入及工作原理：读入纸带信息的设备称为纸带阅读机或读带机，早期的数控机床多配有这种装置。它把纸带上有孔和无孔的信息逐行地转换为数控装置可以识别和处理的逻辑信号。读带机通常有机械式和光电式两种。

②键盘输入及接口：键盘是数控机床最常用的输入设备，是实现人机对话的一种重要手段，通过键盘可以向计算机输入程序、数据及控制命令。键盘有两种基本类型：全编码键盘和非编码键盘。

（3）显示及接口：CNC 系统接收到操作者输入的信息以后，往往还要把接收到的信息告知操作者，以便进行下一步的操作。已经在内存的零件程序如果需要修改，也可以显示出来，以便操作者找到修改的位置。

（4）异步串行接口：数据在设备间的传送可以采用并行方式或串行方式。并行方式（或并行接口）是指输入/输出数据都按字节传送，一位数据有一根传输线。串行方式（或串行接口）是指与设备进行数据传送的只有一根线，数据按通信规程所约定的编码格式沿一根线逐位依次传送。为了保证数据传送的正确和一致，接收和发送双方对数据的传送应确定一致并相互遵守的约定，它包括定时、控制、格式化和数据表示方法等。

（5）近代 CNC 系统的网络通信接口：在 CNC 装置中，设有专用的通信微处理机的通信接口，担负网络通信任务。其通信协议都采用以 ISO 开放式互联系统参考模型的七层结构为基础的有关协议，或 IEEE802 局部网络有关协议。从计算机网络技术看，计算机网络是通过通信线路并根据一定的通信协议互联起来的独立自主的计算机的集合。CNC 装置可以看作一台具有特殊功能的专用计算机。计算机的互联是为了交换信息、共享资源。工厂范围内应用的主要是局部区域网络（LAN），通常它有距离限制（几千米）、较高的传输速率、较低的误码率和可以采用的各种传输介质（如电话线、双绞线同轴电缆和光导纤维）。

10.3　深孔加工机床的伺服系统

伺服系统接收数控装置发出的指令信号后，准确地控制机床各运动部件的速度和位置，完成加工任务，达到加工要求。这就是数控机床伺服系统的基本工作过程。

10.3.1 伺服系统的基本构成

深孔加工机床进给伺服系统，一般包括位置控制模块、速度控制单元、伺服电动机、检测装置以及机械传动机构等五大部分。

10.3.2 伺服系统的分类

（1）按控制方式分类：伺服系统按控制方式可分为开环伺服系统、闭环伺服系统和半闭环伺服系统。这是从自动控制理论的角度来研究数控机床的伺服系统。

①开环伺服系统。开环伺服系统就是没有任何检测反馈装置的伺服系统。开环伺服系统具有结构简单、易于控制、调试维修方便、价格低等优点，但精度较差，低速运行不平稳，高速输出转矩小。

②闭环伺服系统。闭环伺服系统所用的伺服驱动元件主要有直流伺服电动机、交流伺服电动机及电液伺服阀等。

③半闭环伺服系统。半闭环系统和闭环系统的控制结构是一致的。闭环伺服系统理论上可以达到很高精度，但由于受机械变形、温度变化、振动以及其他因素的影响，系统稳定性难以保证。

（2）按驱动方式分类：伺服系统按驱动方式可分为电液伺服系统和电气伺服系统。

①电液伺服系统。电液伺服系统的执行元件为液压元件，其控制环节为电气元件。常用的驱动元件有电液脉冲马达和电液伺服马达。

②电气伺服系统。电气伺服系统全部采用电子电气元件，驱动元件主要有步进电动机、直流伺服电动机和交流伺服电动机等。其具有操作维护方便、可靠性高的优点。

（3）按进给驱动和主轴驱动分类：伺服系统按进给驱动和主轴驱动分为进给伺服系统和主轴伺服系统。

①进给伺服系统。一般概念的伺服系统即为进给伺服系统，如前所述，它包括速度控制环和位置控制环。进给伺服系统根据数控装置输出的指令信号，完成各坐标轴的进给运动，并对定位的精度和速度加以控制，是数控机床中要求最高的伺服控制。

②主轴伺服系统。严格来说，一般的主轴控制系统仅是一个速度控制系统，主要实现主轴的旋转运动，提供切削转矩和功率，实现在转速范围内的无级变速。

10.3.3 深孔加工机床伺服驱动元件

1. 步进电动机

（1）步进电动机的工作原理：首先给 A 相通电，而 B 相和 C 相不通电，定子铁芯的 AA 方向产生磁通。在磁拉力的作用下，转子 1 齿和 3 齿与 A 相磁极对齐。2 齿 4 两齿与 B 和 C 两磁极相对错开 30°。接着给 B 相通电，而 C 相和 A 相断电，电动机铁芯的 BB 方向产生磁通。在磁拉力的作用下，距磁极 B 最近的 2 齿 4 齿被拉向磁极 B 并与磁极 B 对齐，因而转子沿逆时针方向旋转 30°，1 和 3 两齿与 C 和 A 两磁极相对错开 30°。

（2）步进电动机的工作特点：步进电动机受数字脉冲信号控制，每步转过一个步距角；转速与输入的脉冲频率成正比；转向可以简单地通过改变定子绕组通电顺序来改变；具有自锁能力，停止输入脉冲时，只要维持绕组通电，步进电动机就可以静止在该固定位置；工作状态不易受各种干扰因素（如电源波动、温度、湿度变化等）影响；步距角会有误差，每转内转子转过一定步数后也会出现累积误差，但转子转过一转以后，其累积误差为"零"，不会长期积累；易于直接与微机的 I/O 接口构成开环位置伺服系统。

2．直流伺服电动机

（1）直流伺服电动机的结构及工作原理。一般拖动用永磁直流电动机不带稳速装置，而永磁直流伺服电动机具有一定的伺服特性和快速响应能力，在结构上一般与检测反馈元件做成一体。电动机本体由机壳、定子磁极和转子电枢三部分组成。反馈用的检测部件安装在电动机的尾部。永磁直流伺服电动机的工作原理与普通永磁直流电动机相同。和励磁式直流电动机相比，它只是用永久磁铁代替了普通直流电动机的励磁绕组和磁极铁芯，建立了主磁通，产生了感应电动势和电磁转矩。

（2）直流伺服电动机的调速方法：直流电动机的转速涉及六个参数。对于给定的、处于某种负载工况的直流电动机，可以方便地调整的参数有三个：RM、Φ 和 U，即电枢回路电阻、气隙磁通量和输入电压。在数控机床伺服驱动装置中，直流伺服电动机的速度控制大多采用晶闸管（可控硅）调速系统和晶体管脉宽调制调速系统。

3．交流伺服电动机

电刷和换向器容易磨损，需经常维护，而且换向时会产生火花，使电动机的最高转速和应用环境均受到限制。而且，直流电动机结构复杂、制造困难、价格高。交流电动机特别是鼠笼式感应电动机没有上述缺点，且转动惯量较直流电动机小，动态响应更好。设计大容量交流电动机比较容易，可以达到很高的电压和转速。随着交流调速技术的成熟，在数控机床中，传统上一直采用的直流伺服电动机正逐步让位于交流伺服电动机。

1）永磁同步交流伺服电动机的结构

永磁同步交流伺服电动机主要由三部分组成：定子、转子和检测元件。定子开有齿槽，内嵌三相绕组，形状与普通交流电动机的转子相同。定子多呈多边形，无外壳，以利于散热。转子由多块永久磁铁和冲片组成，这样的结构气隙磁密度较高，极数较多。

2）永磁同步交流伺服电动机的工作原理

转子加上负载转矩之后，负载转矩将使转子磁极轴线向后偏离定子磁场的轴线，其夹角为 θ。此处的落后"偏角"与交流感应式异步电动机的"转差"有着质的区别，"转差"是感应式电动机的感应绕组切割磁力线产生感应电动势的必要条件。

10.4　深孔加工机床的检测装置

10.4.1　检测装置概述

数控系统中的检测装置按被测物理量分为位移、速度和电流三种；按运动方式分为回转式和直线式两种；按测量方法分为增量式和绝对式两种；按安装的位置及耦合方式分为直接测量和间接测量两种；按检测信号的类型分为模拟式和数字式两大类；按信号转换的原理可分为光电效应、光栅效应、电磁感应原理、压电效应、压阻效应和磁阻效应等类型。

10.4.2　常用位置检测装置

深孔加工机床伺服系统中采用的位置检测装置主要分为直线式和旋转式两大类。直线式位置检测装置用来检测运动部件的直线位移量；旋转式位置检测装置用来检测回转部件的转动位移量。

1. 感应同步器

感应同步器是一种电磁感应式多极位置传感元件，由旋转变压器演变而来。它的极对数可以做得很多，一般取 360 对极、720 对极，最多可达 2 000 对极。感应同步器按运动方式分为旋转式（圆感应同步器）和直线式两种。前者用来传感和测量角度位移信号，后者用来传感和测量直线位移信号。

2. 光栅

光栅分为物理光栅和计量光栅，物理光栅刻线细密，用于光谱分析和光波波长的测定。长光栅检测装置（直线光栅传感器）由标尺光栅和光栅读数头两部分组成。标尺光栅一般固定在机床活动部件上（如工作台上），光栅读数头装在机床固定部件上。当光栅读数头相对于标尺光栅移动时，指示光栅便在标尺光栅上相对移动。栅距和栅距角是光栅的重要参数。对于长光栅，金属反射光栅的线纹密度为每毫米 25～50 个条纹；玻璃透射光栅为每毫米 100～250 个条纹。对于圆光栅，一周内刻有 10 800 条线纹（圆光栅直径为 270 mm，360 进制）。

3. 磁性编码器

磁性编码器具有抗环境能力强、响应速度快、寿命长、结构简单和价格低廉等优点，将在很大程度上代替光学编码器。磁性编码器用得最多的是磁敏电阻式和励磁环式两种类型。磁敏电阻式又可分为强磁金属磁敏电阻式和半导体磁敏电阻式磁性编码器。同光学编码器一样，磁性编码器也可分为增量式和绝对值式。磁尺又称磁栅，是一种计算磁波数目的位置检测元件，它属于励磁环式磁性编码器，可用于直线和转角的测量，其优点是精度高、复制简单和安装方便等，在油污、粉尘较多的场合使用有较好的稳定性。

4. 旋转变压器

旋转变压器简称旋变，又称作解算器或分解器，它是一种控制用的微电动机，在结构上与两相绕线式异步电动机相似，由定子和转子组成。旋转变压器分为有电刷集电环结构和无刷集电环结构两类。旋转变压器是按照电磁感应原理工作的，有多种工作方式，这里主要介绍在数控伺服系统位置控制方式中的应用。它由定子、转子、转轴、轴承、电刷、机壳等组成。定子和转子的冲片都是由高磁导率的电工钢片组成的，上面冲有均匀分布的槽。定子和转子的齿槽中都置有正交和互相垂直的两相绕组。转子电信号的输入与输出是通过集电环和电刷实现的，即绕组的端点通过电刷集电环引出。

5. 脉冲编码器

脉冲编码器是一种旋转式脉冲发生器，能把机械转角变成电脉冲，是数控机床上使用广泛的位置检测装置。经过变换的电路也用于速度检测，同时作为速度检测装置。脉冲编码器分为光电式、接触式和电磁感应式三种。从精度和可靠性方面来看，光电式脉冲编码器优于其他两种。数控机床上主要使用光电式脉冲编码器，由霍尔效应构成的电磁感应或脉冲发生器也有用作速度检测的。

10.5 数控机床的可编程控制器控制

可编程序控制器（Programmable Controller）简称 PC，为了不与个人计算机（简称 PC）

混淆，通常将可编程序控制器称为 PLC。它是在电器控制技术和计算机技术的基础上开发出来的，并逐渐发展成为以微处理器为核心，将自动化技术、计算机技术、通信技术融为一体的新型工业控制装置。

目前，PLC 已被广泛应用于各种生产机械和生产过程的自动控制中，成为最重要、最普及、应用场合最多的工业控制装置之一，并被公认为现代工业自动化的三大支柱［PLC、机器人、CAD/CAM（计算机辅助设计/计算机辅助制造）］之一。数控机床的可编程控制器具有高可靠性、丰富的 I/O 接口模块、采用模块化结构、柔性控制、使用方便简单、安装简单、维修方便等特点。

10.5.1　可编程控制器的组成与结构

1. 可编程控制器的 CPU

CPU 是 PLC 的控制中枢。它按照 PLC 系统程序赋予的功能接收并存储从编程器键入或从计算机输入的用户程序和数据，检查电源、存储器、I/O 接口以及警戒定时器的状态，并能诊断用户程序中的语法错误。

2. 可编程控制器的存储器

PLC 的存储器主要用于存储系统程序、用户程序和工作状态数据。系统程序存储区采用 PROM（可编程只读存储器）或 EPROM，用来存放生产厂家预先编制并固化好的永久存储的程序和指令，即监控程序；数据存储区采用 RAM，用来存储需要随机存取的数据。

3. 可编程控制器的输入/输出（I/O）模块

PLC 的控制对象是工业生产过程或生产机械（如数控机床），输入/输出模块是 CPU 与生产现场 I/O 设备或其他外部设备的连接部件。

4. 可编程控制器的电源模块

PLC 的电源在整个系统中起着十分重要的作用。为适应复杂的现场需要，PLC 对电源的要求相当苛刻，通常情况下 PLC 的电源能够适应较大外部交流输入电压，使 PLC 能够正常工作。

5. 可编程控制器的编程器

编程器是 PLC 的重要外设，有手持式、便携式、CRT 显示屏式、台式等多种形式，其基本功能是输入、修正、检查及显示用户程序，调试程序和监控程序的执行过程，查找故障和显示 I/O、各继电器的工作占用情况、信号状态和出错信息等。

10.5.2　可编程控制器的工作原理

1. 输入采样阶段

PLC 在输入采样阶段以循环扫描方式顺序读入所有输入端子的状态，存入输入寄存器，即刷新输入信号的原有状态，并且保持此状态到下次扫描该输入端子时。

2. 程序执行阶段

PLC 在执行用户程序阶段时是顺序地对每条指令进行扫描。PLC 首先从输入寄存器中读入所有输入端子的状态，如果程序中规定要读入某输出状态，则也在此时读入。

3. 输出刷新阶段

在所有指令执行完以后，PLC 将输出寄存器中所有的输出状态送到输出电路，成为 PLC 的实际输出。

10.5.3 可编程控制器的软件编制

1. 可编程控制器的编程语言

可编程序控制器的工作是通过执行已经输入 PLC 的用户程序进行的，用户程序的编程语言很多。

梯形逻辑图简称梯形图，是从传统的继电器－接触器控制系统的电气原理图演化而来的，是一种图形化的语言。梯形图语言的指令符号用触点和线圈等电气元件的图形符号表示，使编程语言与继电器电路图相呼应，使用简单，形象直观，易编程，容易掌握，特别适用于已经熟悉继电器－接触器控制系统设计的电气工程师，所以应用极为广泛。

2. 可编程控制器的编程元件

可编程控制器的种类规格很多，其编程指令虽有差别但大同小异。常见的元器件如下。

（1）输入继电器（X）：PLC 的输入端子是从外部开关接收信号的元件，PLC 内部与输入端子连接的输入继电器（X）是采用光电隔离的电子继电器。

（2）输出继电器（Y）：PLC 的输出端子是向外部负载输出信号的元件。

（3）辅助继电器（M）：PLC 内部有很多辅助继电器（M），也称中间继电器，其线圈与输出继电器一样，由 PLC 内各软元件的触点驱动。

（4）定时器（T）：PLC 的定时器根据时钟脉冲的累积形式，当所计时间达到设定值时，其输出触点动作，时钟脉冲有 1 ms、10 ms 和 100 ms 三种。定时器可以将用户程序存储器内的常数 K 作为设定值，也可以用数据寄存器（D）的内容作为设定值，一般使用具有掉电保护功能的数据寄存器。

（5）计数器（C）：PLC 常见的计数器是 16 位二进制加法计数器，在计数信号的上升沿进行计数，有两个输入，一个用于复位，另一个用于计数。

10.5.4 数控机床的 PLC 控制技术

数控机床的 PLC 控制分为两类。一类为最终实现对各坐标轴运动进行的"数字控制"（NC），如：CNC 深孔加工钻床的 X 轴、Y 轴和 Z 轴的移动距离以及各轴运行的插补、补偿等的控制。另一类为"顺序控制"。对数控机床来说，"顺序控制"是在数控机床运行过程中，以 CNC 内部和机床各行程开关、传感器、按钮、继电器等元件的开关量信号状态为条件，并按照预先规定的逻辑顺序对诸如主轴的启停、换向，刀具的更换，工件的夹紧、松开，液压、冷却、润滑系统的运行等进行的控制。与"数字控制"相比，"顺序控制"的信息主要是开关量信号。

1. 数控机床 PLC 的分类与结构

通用的 PLC 结构有整体式和模块式两种结构，而 PLC 在数控机床应用领域中通常有两种形式：内装式和独立式。内装式 PLC 也称集成式 PLC，采用这种方式的数控系统，在设计之初就将 NC 和 PLC 结合起来考虑，NC 和 PLC 之间的信号传递是在内部总线的基础上进行的，因而有较快的交换速度和较宽的信息通道。独立式 PLC 也称外装式 PLC，采用通用型模块化的 PLC，独立于 NC 装置，能独立完成控制功能。采用这种应用方式时，可根据用户自己的特点，选用不同专业 PLC 厂商的产品，自行开发通用型 PLC，可以更为方便地对控制规模进行调整。

2. 数控机床 PLC 的信息交换

PLC 与机床以及 NC 之间的信息交换，对于 PLC 功能的发挥，是非常重要的。PLC 与外部的信息交换通常有四个部分。

（1）机床至 PLC：机床侧的开关量信号通过 I/O 单元接口输入 PLC 中，除极少数信号外，绝大多数信号的含义及所配置的输入地址，均可由 PLC 程序编制者或程序使用者自行定义。

（2）PLC 至机床：PLC 的控制信号通过 PLC 的输出接口送到机床侧，所有输出信号的含义和输出地址也是由 PLC 程序编制者或使用者自行定义的。

（3）CNC 至 PLC：CNC 送至 PLC 的信息可由 CNC 直接送入 PLC 的寄存器中。

（4）PLC 至 CNC：PLC 送至 CNC 的信息由开关量信号或寄存器完成。

参考文献

［1］于大国，沈兴全，辛志杰．一种小孔精加工设备：ZL201710679856. X［P］．2021 － 06 － 15．

［2］于大国，胡海军，沈兴全．一种小孔精加工方法：ZL201710679780.0［P］．2021 － 07 － 06．

［3］于大国，张荣涛，王志伟，等．一种钻杆支撑装置：ZL201611128181.1［P］．2017 － 03 － 22．

［4］于大国，张荣涛，李瑞宣．带有浮动环的深孔加工刀具：ZL201610902686.2［P］．2016 － 12 － 21．

［5］于大国．外置式深孔直线度检测装置与方法：ZL201610902545.0［P］．2018 － 04 － 17．

［6］马靖．超声振动电火花复合加工微小孔研究及流体仿真［D］．太原：中北大学，2021．

［7］赵晓巍．深孔直线度检测与评定研究［D］．太原：中北大学，2020．

［8］王志伟．基于流体动压润滑机理的对称式深孔加工刀具系统研究［D］．太原：中北大学，2019．

［9］李瑞宣．削边电极微小深孔微细电火花加工研究［D］．太原：中北大学，2019．

［10］张荣涛．基于轴承动压润滑原理的 BTA 钻杆设计及其自定心、自纠偏机理研究［D］．太原：中北大学，2018．

［11］杨俊超．深孔直线度检测系统设计与评定研究［D］．太原：中北大学，2017．

［12］徐文凯．T2120 深孔钻镗床主传动系统的性能分析与优化［D］．太原：中北大学，2017．

［13］李少敏．深孔轴线直线度误差评定方法的研究［D］．太原：中北大学，2016．

［14］郝永鹏．基于光视觉技术的深孔直线度检测系统研究［D］．太原：中北大学，2015．

［15］王继明．强化传热深孔加工切削液冷却系统研究［D］．太原：中北大学，2015．

［16］孟晓华．深孔直线度误差检测模型与方法的理论研究［D］．太原：中北大学，2014．

［17］宁磊．双 LD － 双 PSD 深孔轴线直线度检测技术研究［D］．太原：中北大学，2014．

［18］于大国，沈兴全，孟晓华，等．一种孔轴线直线度激光检测装置：

ZL201310098432. 6〔P〕. 2013 - 06 - 26.

〔19〕于大国, 沈兴全, 孟晓华, 等. 一种立式深孔直线度激光检测装置: ZL201310098451. 9〔P〕. 2013 - 07 - 10.

〔20〕于大国, 沈兴全, 孟晓华, 等. 基于数学手段的深孔直线度激光检测方法: ZL201310095876. 4〔P〕. 2013 - 07 - 10.

〔21〕于大国, 沈兴全, 宁磊, 等. 深孔加工在线检测与纠偏装置: ZL201310097776. 5〔P〕. 2013 - 07 - 03.

〔22〕于大国, 沈兴全, 孟晓华, 等. 一种带液性塑料的孔直线度检测装置: 201310171271. 9〔P〕. 2013 - 05 - 10.

〔23〕于大国. 一种单激光单 PSD 无线深孔直线度检测装置: ZL201410367901. 4〔P〕. 2014 - 11 - 26.

〔24〕于大国, 刘云龙, 张尚雄, 等. 一种单激光单 PSD 储存式深孔直线度检测装置: ZL201410367905. 2〔P〕. 2014 - 11 - 26.

〔25〕于大国, 沈兴全, 王继明, 等. 一种带有电磁转差离合器的深孔钻镗床: ZL201410367931. 5〔P〕. 2014 - 11 - 26.

〔26〕于大国, 沈兴全, 李少敏, 等. 一种带有摆线针轮减速器的深孔钻镗床: 201410367934. 9〔P〕. 2014 - 11 - 26.

〔27〕于大国. 一种纠偏钻杆: ZL201410367951. 2〔P〕. 2014 - 11 - 26.

〔28〕于大国. 自纠偏深孔加工系统: ZL201410367893. 3〔P〕. 2014 - 11 - 26.

〔29〕于大国. 一种斜面结构后置的孔加工刀具: ZL201510087692. 2〔P〕. 2015 - 06 - 03.

〔30〕于大国. 自纠偏深孔加工刀具系统: ZL201510087691. 8〔P〕. 2015 - 05 - 27.

〔31〕于大国, 杨俊超, 徐文凯, 等. 基于超声波测厚仪的深孔直线度检测方法: 201510688506. 0〔P〕. 2015 - 10 - 12.

〔32〕于大国. 圆周定位激光深孔直线度检测装置: ZL201510741425. 2〔P〕. 2015 - 11 - 01.

〔33〕于大国, 沈兴全, 李艳兰, 等. 基于激光探测原理的深孔加工在线纠偏装置: ZL201510774720. 8〔P〕. 2015 - 11 - 13.

〔34〕于大国, 杨俊超, 陆田雨, 等. 超声深孔直线度检测方法及装置: ZL201510836929. 2〔P〕. 2015 - 11 - 21.

〔35〕沈兴全, 于大国, 庞俊忠, 等. 深孔钻削在线检测与纠偏系统: ZL201210111345. 5〔P〕. 2012 - 08 - 22.

〔36〕沈兴全, 于大国, 庞俊忠, 等. 激光制导深孔钻削在线检测与纠偏系统: ZL201210111370. 3〔P〕. 2012 - 08 - 15.

〔37〕沈兴全, 于大国, 庞俊忠, 等. 小直径深孔钻削激光制导在线检测与纠偏系统: ZL201210111367. 1〔P〕. 2012 - 08 - 15.

〔38〕沈兴全, 于大国, 庞俊忠, 等. 一种带辅助支撑的圆柱深孔镗削装置: ZL201210210090. 8〔P〕. 2012 - 10 - 10.

〔39〕沈兴全, 于大国, 庞俊忠, 等. 一种可用于锥形深孔镗削的普通车床:

ZL201210210094.6［P］. 2012 – 10 – 10.

［40］沈兴全，于大国，庞俊忠，等. 基于双锥面原理的锥形深孔镗削装置：ZL201210210099.9［P］. 2012 – 10 – 10.

［41］沈兴全，于大国，庞俊忠，等. 一种适用于锥形深孔镗削的深孔机床：ZL201210210091.2［P］. 2012 – 10 – 10.

［42］沈兴全，于大国，李艳兰，等. 后置式深孔加工在线检测与纠偏装置：ZL201520902778.1［P］. 2015 – 11 – 13.

［43］于大国，沈兴全，宁磊，等. 深孔加工在线检测与纠偏装置：ZL201320139856.8［P］. 2013 – 08 – 21.

［44］于大国，沈兴全，孟晓华，等. 一种孔轴线直线度激光检测装置：ZL201320139617.2［P］. 2013 – 08 – 21.

［45］于大国，沈兴全，孟晓华，等. 一种立式深孔直线度激光检测装置：ZL201320139282.4［P］. 2013 – 08 – 21.

［46］于大国. 一种单激光单 PSD 无线深孔直线度检测装置：ZL201420425206.4［P］. 2014 – 12 – 03.

［47］于大国，刘云龙，张尚雄，等. 一种单激光单 PSD 储存式深孔直线度检测装置：ZL201420425166.3［P］. 2014 – 12 – 03.

［48］于大国，沈兴全，王继明，等. 一种带有电磁转差离合器的深孔钻镗床：ZL201420425231.2［P］. 2014 – 12 – 03.

［49］于大国，沈兴全，李少敏，等. 一种带有摆线针轮减速器的深孔钻镗床：ZL201420425182.2［P］. 2014 – 12 – 31.

［50］于大国. 一种纠偏钻杆：ZL201420425234.6［P］. 2015 – 02 – 25.

［51］于大国. 自纠偏深孔加工系统：ZL201420425232.7［P］. 2015 – 02 – 25.

［52］于大国. 一种带有凸起的切削工具：ZL201520116320.3［P］. 2015 – 05 – 27.

［53］于大国. 一种斜面结构后置的孔加工刀具：ZL201520116318.6［P］. 2015 – 06 – 03.

［54］于大国. 自纠偏深孔加工刀具系统：ZL201520116315.2［P］. 2015 – 02 – 25.

［55］于大国，沈兴全，李艳兰，等. 基于激光探测原理的深孔加工在线纠偏装置：ZL201520903379.7［P］. 2015 – 11 – 13.

［56］于大国，杨俊超，陆田雨，等. 超声深孔直线度检测装置：ZL201520964156.1［P］. 2015 – 11 – 21.

［57］沈兴全，于大国，庞俊忠，等. 深孔钻削在线检测与纠偏系统：ZL201220160774.7［P］. 2012 – 12 – 26.

［58］沈兴全，于大国，庞俊忠，等. 激光制导深孔钻削在线检测与纠偏系统：ZL201220160773.2［P］. 2012 – 12 – 26.

［59］沈兴全，于大国，庞俊忠，等. 小直径深孔钻削激光制导在线检测与纠偏系统：ZL201220160777.0［P］. 2012 – 12 – 26.

［60］沈兴全，于大国，庞俊忠，等. 一种带辅助支撑的圆柱深孔镗削装置：ZL201220298642.0［P］. 2013 – 02 – 27.

[61] 沈兴全，于大国，庞俊忠，等. 一种可用于锥形深孔镗削的普通车床：ZL201220298646.9 [P]. 2013 - 02 - 27.

[62] 沈兴全，于大国，庞俊忠，等. 基于双锥面原理的锥形深孔镗削装置：ZL201220298647.3 [P]. 2013 - 02 - 27.

[63] 沈兴全，于大国，庞俊忠，等. 一种适用于锥形深孔镗削的深孔机床：ZL201220298643.5 [P]. 2013 - 04 - 10.

[64] 杨俊超，徐文凯，于大国，等. 基于超声波测厚仪的深孔直线度检测装置：ZL201520817406.9 [P]. 2015 - 10 - 12.

[65] 沈兴全，于大国，李艳兰，等. 后置式深孔加工在线检测与纠偏装置：ZL201510774055.2 [P]. 2015 - 11 - 13.

[66] 于大国，王继明，李少敏，等. 锭脚中孔加工流体排屑机床及自导向钻头设计 [J]. 机械设计与研究，2014 (4)：92 - 94

[67] 于大国，宁磊，孟晓华. 基于最小二乘法深孔轴线直线度误差评定 [J]. 组合机床与自动化加工技术，2014 (1)：39 - 41，45.

[68] 孟晓华，于大国，宁磊，等. 深孔加工孔轴线偏斜的分析与研究 [J]. 机械设计与制造，2014 (1)：140 - 143.

[69] 王继明，于大国，孟晓华. 动车空心车轴中孔加工工艺与装备研究 [J]. 组合机床与自动化加工技术，2014 (7)：132 - 135.

[70] 孟晓华，于大国，庞学慧，等. 用激光三点法进行深孔轴直线测量 [J]. 机械设计与研究，2013 (6)：95 - 98，103.

[71] 宁磊，于大国，孟晓华. 基于 PSD 深孔钻削孔轴线在线检测方案探讨 [J]. 组合机床与自动化加工技术，2013 (12)：64 - 67.

[72] 孟晓华，于大国，宁磊，等. 深孔轴线直线度检测装置设计与研究 [J]. 组合机床与自动化加工技术，2013 (12)：68 - 70，74.

[73] 李少敏，于大国，郝永鹏，等. 两弦定心法深孔直线度检测系统 [J]. 煤矿机械，2015 (4)：164 - 167.

[74] 马清艳，马青华，王彪，等. 机械式轴向深孔振动钻削系统的设计 [J]. 机械设计与研究，2013 (4)：86 - 87，92.

[75] 马清艳，王彪，刘永姜，等. 电磁式轴向深孔振动钻削装置的设计与分析 [J]. 机械设计与研究，2011 (6)：69 - 71.

[76] 王峻. 现代深孔加工技术 [M]. 哈尔滨：哈尔滨工业大学出版社，2005：6，19 - 21，97.

[77] THIL J，HADDAG B，NOUARI M，et al. Experimental and analytical analyses of the cutting process in the deep hole drilling with BTA（Boring Trepanning Association）system [J]. Mechanics & industry，2013，14：413 - 429.

[78] 王世清. 深孔加工技术 [M]. 西安：西北工业大学出版社，2003：7，10，224.

[79] AIZED T，AMJAD M. Quality improvement of deep - hole drilling process of AISI D2 [J]. The international journal of advanced manufacturing technology，2013，69：2493 - 2503.

[80] 才旦扎西，王风山，陶宗亮，等. 采用深孔加工技术解决机床主轴深孔加工难题

[J]. 制造技术与机床, 2011 (12): 188 – 191.

[81] 张金凤. 可转位深孔钻深孔钻削工艺难题探讨 [J]. 科技情报开发与经济, 2008, 18 (35): 116 – 117.

[82] 杨顺田, 侯忠坤. 深孔钻削中受力分析与切削参数定量分析 [J]. 组合机床与自动化加工技术, 2013 (1): 113 – 117.

[83] 高本河, 郑力, 李志忠, 等. 深孔钻削中孔轴线偏斜的纠偏理论与方法研究 [J]. 兵工学报, 2003, 24 (2): 234 – 237.

[84] 李楠, 吴伏家. BTA 深孔钻削智能纠偏技术研究 [J]. 机械设计与制造, 2013 (1): 143 – 145.

[85] 胡凤兰, 刘军安, 魏华, 等. 深孔钻削中的孔轴线偏斜机理与控制方法 [J]. 现代制造工程, 2011 (7): 73 – 77.

[86] DENG C S, HUANG J C, CHIN J H. Effects of support misalignments in deep – hole drill shafts on hole straightness [J]. International journal of machine tools & manufacture, 2001, 41: 1165 – 1188.

[87] KATSUKI A, ONIKURA H, SAJIMA T, et al. Development of a high – performance laser – guided deep – hole boring tool: optimal determination of reference origin for precise guiding [J]. Precision engineering, 2000, 24: 9 – 14.

[88] SWINEHART H J. Gundrilling trepanning and deep hole machining [M]. Dearborn, Michigan: American Society of Tool and Manufacturing Engineers, 1967: 5.

[89] WANG Y G, JIA W X, ZHANG J S. The force system and performance of the welding carbide gun drill to cut AISI 1045 steel [J]. The international journal of advanced manufacturing technology, 2014, 74: 1431 – 1443.

[90] BIERMANN D, KERSTING M, KESSLER N. Process adapted structure optimization of deep hole drilling tools [J]. CIRP annals – manufacturing technology, 2009, 58: 89 – 92.

[91] 斯温哈特. 深孔加工 [M]. 管光晋, 译. 北京: 国防工业出版社, 1974: 16.

[92] 朱林, 王世清, 刘战锋, 等. 深孔钻削稳定性研究及应用 [J]. 机械工程学报, 1998 (3): 101 – 106.

[93] BIERMANN D, ABRAHAMS H, GOEKE S. Optimization of guide pads for the BTA deep hole drilling of high alloyed steels by microfinishing [J]. Production engineering, 2014, 8: 33 – 40.

[94] MATSUZAKI K, RYU T, SUEOKA A, et al. Theoretical and experimental study on rifling mark generating phenomena in BTA deep hole drilling process (generating mechanism and countermeasure) [J]. International journal of machine tools & manufacture, 2015, 88: 194 – 205.

[95] 孔令飞, 李言, 吕延军, 等. BTA 深孔加工钻杆系统的稳定性及分岔 [J]. 兵工学报, 2009, 30 (12): 1684 – 1690.

[96] 胡占齐, 赵武, 缪磊. BTA 深孔加工中流体力引起的钻杆涡动的研究 [J]. 机械工程学报, 2005, 41 (1): 230 – 233.

[97] BIERMANN D, SACHAROW A, WOHLGEMUTH K. Simulation of the BTA deep –

hole drilling process [J]. Production engineering, 2009, 3: 339 – 346.

[98] AL – WEDYAN H M, HAYAJNEH M. Dynamic modelling and analysis of whirling motion in BTA deep hole boring process [J]. International journal of machining and machinability of materials, 2011, 10 (1/2): 48 – 70.

[99] AL – ATA M, HAYAJNEH M T. An investigation of bell mouthing in precision hole machining with self – piloting tools [J]. The international journal of advanced manufacturing technology, 2009, 43: 22 – 32.

[100] 朱派龙, 威长政, 温志远, 等. 超大深径比深小孔的工艺方法和电极研制 [J]. 机械工程学报, 2006, 42 (2): 198 – 202.

[101] BRAJDIC M, WALTHER K, EPPELT U. Analysis of laser drilled deep holes in stainless steel by superposed pulsed Nd: YAG laser radiation [J]. Optics and lasers in engineering, 2008, 46: 648 – 655.

[102] 杨立合. 小直径深孔超声振动钻削技术的研究及应用 [D]. 西安: 西安石油大学, 2007.

[103] LIEW P J, YAN J, KURIYAGAWA T. Fabrication of deep micro – holes in reaction – bonded SiC by ultrasonic cavitation assisted micro – EDM [J]. International journal of machine tools & manufacture, 2014, 76: 13 – 20.

[104] BILGI D S, JAIN V K, SHEKHAR R, et al. Electrochemical deep hole drilling in super alloy for turbine application [J]. Journal of materials processing technology, 2004, 149: 445 – 452.

[105] BILGI D S, JAIN V K, SHEKHAR R, et al. Hole quality and interelectrode gap dynamics during pulse current electrochemical deep hole drilling [J]. The international journal of advanced manufacturing technology, 2007, 34: 79 – 95.

[106] LOPEZ DE LACALLE L N, FERNA′NDEZ A, OLVERA D, et al. Monitoring deep twist drilling for a rapid manufacturing of light high – strength parts [J]. Mechanical systems and signal processing , 2011, 25: 2745 – 2752.

[107] 张鹏炜, 张智诠, 谢劲冰. 一种基于四象限探测器的深孔直线度测量方法的研究 [J]. 光学技术, 2007, 33 (5): 745 – 750.

[108] 徐永凯, 王信义, 袁洪芳. EST 法测量深孔母线直线度的方案及其误差分析 [J]. 北京理工大学学报, 2000, 20 (4): 431 – 434.

[109] 孔令飞, 李言, 郑建明, 等. 基于剪力模式的深孔钻杆制振器设计与试验研究 [J]. 机械工程学报, 2014, 50 (5): 201 – 207.

[110] 孔令飞, 李言, 吕延军, 等. 深孔加工刀具系统的动态稳定域研究 [J]. 兵工学报, 2013, 34 (5): 611 – 619.

[111] KONG L F, LI Y, LÜ Y J, et al. Stability and nonlinear dynamic behavior of drilling shaft system in copper stave deep hole drilling [J]. Journal of Central South University of Technology, 2009, 16: 451 – 457.

[112] 李言, 孔令飞. 振动切削深孔加工初始偏差对孔直线度误差的影响 [J]. 机械工程学报, 2012, 48 (13): 167 – 173.

［113］ZHU L, XIAO D M. The monitoring and analysis on the state of deep hole drilling based on multi – sensor combined detection technology ［J］. Key engineering materials, 2009, 392 – 394：645 – 649.

［114］KATSUKI A, ONIKURA H, SAJIMA T, et al. Development of a practical high – performance laser – guided deep – hole boring tool：improvement in guiding strategy ［J］. Precision engineering, 2011, 35：221 – 227.

［115］濮良贵, 纪名刚. 机械设计 ［M］. 北京：高等教育出版社, 2006.

［116］沈兴全. 液压传动与控制 ［M］. 北京：国防工业出版社, 2013.

［117］YU D G, SHEN X Q, WANG J M. Innovative design of device of conical deep – hole boring ［J］. Applied mechanics and materials, 2013, 271 – 272：969 – 973.

［118］于大国. 深孔加工与检测技术创新 ［M］. 北京：国防工业出版社, 2016.

［119］于大国, 李瑞宣, 张荣涛, 等. 深孔加工中浮动环的液力纠偏研究 ［J］. 工具技术, 2019, 53 (1)：81 – 85.

［120］于大国, 李瑞宣, 王志伟. 深孔刀具液力自定心、自导向、自纠偏研究 ［J］. 工具技术, 2018, 52 (12)：62 – 66.

［121］于大国, 王志伟, 李瑞宣, 等. 液力对深孔加工刀具及工具的稳定作用 ［J］. 工具技术, 2018, 52 (11)：103 – 106.

［122］于大国, 杨俊超, 徐文凯, 等. 深孔直线度检测系统设计与测算 ［J］. 机械设计与研究, 2016, 32 (5)：99 – 104.

［123］于大国, 杨俊超, 徐文凯, 等. 深孔直线度的测量装置设计及其算法 ［J］. 机械设计与研究, 2016, 32 (3)：92 – 95, 105.

［124］YU D, ZHAO M. Centering deep hole drilling system with three oil films like centering rotating journal with oil films in bearing ［J］. Industrial lubrication and tribology, 2021, 73 (6)：993 – 999.

［125］王峰. 基于 LabVIEW 的深孔零件直线度误差测量技术研究 ［D］. 太原：中北大学, 2021.

［126］尹忠伟. 深孔零件光学检测研究 ［D］. 太原：中北大学, 2022.

［127］王琦伟. 超声电火花复合加工流体仿真研究 ［D］. 太原：中北大学, 2022.

［128］王健. 微小孔超声振动细微电火花复合加工技术研究 ［D］. 太原：中北大学, 2022.

［129］申鹏. 油楔定心深孔加工系统优化设计 ［D］. 太原：中北大学, 2021.

［130］马靖. 超声振动电火花复合加工微小孔研究及流体仿真 ［D］. 太原：中北大学, 2021.

［131］于大国, 林江, 李艳兰. 一种孔检测方法：CN201910587295. X ［P］. ［2024 – 12 – 02］.

［132］于大国, 赵明, 尹忠伟, 等. 孔类零件检测仪与孔检测方法：CN201910991809. 8 ［P］. 2024 – 12 – 02.

［133］于大国, 尹忠伟, 李梦龙, 等. 孔矫正装备与矫正方法：201910986587 ［P］. 2024 – 12 – 02.

［134］于大国, 赵明, 王峰, 等. 孔检测与矫正装备及检测和矫正方法：CN201911153505. 0

［P］．2024 – 12 – 02．

［135］于大国，杜慧福．一种内排屑深孔加工方法：CN202011266142.4［P］．2024 – 12 – 02．

［136］杜慧福，陈路生，于大国．一种多功能深孔刀具钝化装置及方法：CN202210857817.5［P］．2024 – 12 – 02．

［137］于大国，王鹏翔，陈路生，等．一种用于电火花内冲液微孔钻床的超声辅助装置：CN202310075048.8［P］．2024 – 12 – 02．

［138］杜慧福．基于光杠杆原理的喷油嘴内孔多几何量测量研究［D］．太原：中北大学，2023．

［139］陈俐华，于大国，赵慧瑜．TC4 钛合金深孔钻削方式和轴向力研究［J］．机床与液压，2023，51（7）：153 – 157．

［140］王鹏翔，于大国，李梦龙，等．微小孔加工超声电火花系统设计［J］．机床与液压，2022，50（6）：75 – 79．

［141］王鹏翔，于大国，李梦龙，等．微小孔超声电火花复合加工通孔变幅杆设计［J］．工具技术，2022，56（3）：65 – 70．

［142］尹忠伟，于大国，李梦龙，等．基于梯度下降算法的空间直线度误差评定［J］．工具技术，2021，55（12）：127 – 130．

［143］李梦龙，于大国，王峰，等．难切削材料超声电火花复合加工中空变幅杆的设计［J］．工具技术，2021，55（10）：58 – 62．

［144］于大国，王鹏翔，陈路生，等．一种用于电火花内冲液微孔钻床的超声辅助装置：CN202310075048.8［P］．CN115846783B．

［145］于大国，赵明，尹忠伟，等．一种用于车床或镗床的孔加工方法：CN202011266145.8［P］．CN112589484A．

［146］于大国，韩爱东．一种喷吸式孔加工方法：CN202011266143.9［P］．CN112589153A．

［147］于大国，赵明．可用于车床或镗床的加工装置：CN202022619474.8［P］．CN214444669U．

［148］于大国，王鹏翔．一种孔加工喷吸钻系统及其钻头：CN202011266030.9［P］．CN112453503A．

［149］于大国，杨志涌．一种内排屑深孔钻：CN202011266029.6［P］．CN112453502A．

［150］于大国．自定心防偏减振孔加工刀具：CN202020775328.1［P］．CN213614344U．

［151］于大国．一种多功能高精度测量工具：CN201910587357.7［P］．CN110332893A．

［152］于大国．一种精密检测方法：CN201910587356.2［P］．CN110332892A．

［153］于大国，李艳辉，赵志勇，等．卧式孔检测仪：CN201910587360.9［P］．

［154］于大国，沈兴全．光学孔检测装置：CN201910587359.6［P］．

［155］于大国，沈兴全，祝锡晶，等．孔校直设备与方法：CN201910587358.1［P］．CN110345884A．

附　　录

部分实验装置（图1～图10）：

图1　大长径比深孔直线度检测装置

图2　小直径深孔形貌观察装置

图 3　便携式深孔检测装置

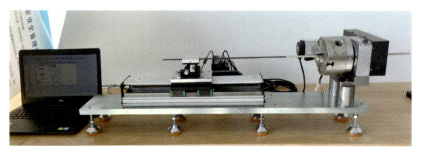

图 4　深孔内径测量装置（6 mm）

图 5　深孔内径检测装置（16 mm）

图 6　线驱式大长径比深孔检测测头

图 7 大长径比深孔内径检测自驱动测头

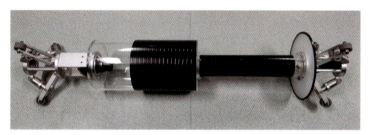

图 8 超大长径比深孔内径检测测头

图 9 喷油嘴内孔检测装置

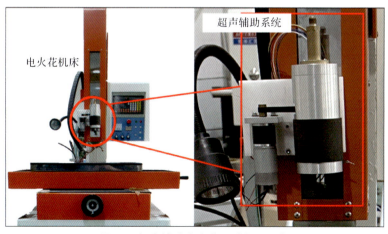

图 10 超声辅助电火花深孔加工设备